MikroComputer–Praxis

Die Teubner-Buchreihe für Ausbildung, Beruf, Freizeit und Hobby

Duenbostl/Oudin: **BASIC-Physikprogramme**
152 Seiten. DM 23,80

Duenbostl/Oudin: **BASIC-Physikprogramme 2**
In Vorbereitung

Erbs: **33 Spiele mit PASCAL**
... und wie man sie (auch in BASIC) programmiert
326 Seiten. DM 32,–

Erbs/Stolz: **Einführung in die Programmierung mit PASCAL**
232 Seiten. DM 23,80

Haase/Stucky/Wegner: **Datenverarbeitung heute**
mit Einführung in BASIC
2. Aufl. 284 Seiten. DM 23,80

Hainer: **Numerik mit BASIC-Tischrechnern**
251 Seiten. DM 26,80

Klingen/Liedtke: **Programmieren mit ELAN**
207 Seiten. DM 23,80

Klingen/Liedtke: **ELAN in 100 Beispielen**
In Vorbereitung

Lehmann: **Lineare Algebra mit dem Computer**
285 Seiten. DM 23,80

Löthe/Hoppe: **Logo in Beispielen**
In Vorbereitung

Löthe/Quehl: **Systematisches Arbeiten mit BASIC**
188 Seiten. DM 19,80

Menzel: **BASIC in 100 Beispielen**
4. Aufl. 244 Seiten. DM 24,80

Menzel: **BASIC in 100 Beispielen**

— **mit Diskette I:** Alle BASIC-Programme in APPLESOFT
DM 62,–

— **mit Diskette II:** Alle BASIC-Programme für CBM 8050/8250 Floppy
DM 62,–

Menzel: **Dateiverarbeitung mit BASIC**
237 Seiten. DM 28,80

— **mit Diskette:** Alle BASIC-Programme in CP/M-Version und APPLE-DOS
3.3-Version sowie eine Testdatei
DM 62,–

Fortsetzung auf der 3. Umschlagseite

 B. G. Teubner Stuttgart

MikroComputer–Praxis

Herausgegeben von
Dr. L. H. Klingen, Bonn, Prof. Dr. K. Menzel, Schwäbisch Gmünd
Prof. Dr. W. Stucky, Karlsruhe

BASIC
in 100 Beispielen

Von Prof. Dr. Klaus Menzel, Schwäbisch Gmünd

4., durchgesehene und erweiterte Auflage
Mit 99 Aufgaben, 100 BASIC-Programmen mit
Testbeispielen, 41 Illustrationen und einem
Anhang mit DATEI-Befehlen

 B. G. Teubner Stuttgart 1984

CIP-Kurztitelaufnahme der Deutschen Bibliothek

Menzel, Klaus:
BASIC in 100 Beispielen / von Klaus Menzel. —
4., durchges. u. erw. Aufl. — Stuttgart : Teubner, 1984
  (MikroComputer-Praxis)
  ISBN 978-3-519-22504-1   ISBN 978-3-322-96787-9 (eBook)
  DOI 10.1007/978-3-322-96787-9

Gesamtherstellung: Beltz Offsetdruck, Hemsbach/Bergstraße
Umschlaggestaltung: W. Koch, Sindelfingen

VORWORT

Diese Einführung in die bekannte Programmiersprache BASIC
(Beginners All-purpose Symbolic Instruction Code) mit einer
Sammlung von 100 Anwendungsbeispielen kann wegen der großen
Nachfrage nun schon in dieser 4.Auflage erscheinen.
Seit der Erstauflage im Jahre 1981 hat sich die Heim-Computer-
Szene stark weiterentwickelt. Die Computersysteme sind nicht
nur billiger, sondern zugleich erheblich leistungsfähiger
geworden. BASIC ist als direkt verfügbare Grundsprache aber
nicht verdrängt worden.
Bei der Software(Programme) gibt es einen deutlichen Trend
zu fertigen Programmsystemen (z.B. zur Datei-, Text- und
Grafik-Verarbeitung) auch bei den 'kleinen' Computern.
Bei der Hardware(Geräte) ist wohl der nächste Schritt die
direkte Dialog-Steuerung über die Bildschirm-Eingabe.
Trotz der rasanten Entwicklung der Computersysteme wird die
Faszination des eigenhändigen Programmierens aber wohl nicht
verlorengehen. BASIC liefert dazu den direkten Zugang.
Die Verfügbarkeit über FLOPPY-DISK-Laufwerke nimmt weiter zu.
Deshalb wurde neben der Korrektur einzelner Beispiele ein
Kapitel 7 DATEI-Befehle(FLOPPY DISK) angehängt. Dabei mußte
die Darstellung auf die verbreiteten Systeme von COMMODORE
und APPLE zugeschnitten werden.
Im Mittelpunkt dieses Buches stehen 100 Anwendungsbeispiele
mit vollständigen BASIC-Programmen aus vielen Bereichen. Die
Beschreibung der BASIC-Befehle ist knapp gehalten und geht
selbst vom Beispiel aus.
Der Besitzer eines Heim-Computers ist bald an interessanten
Anwendungen interessiert. Diese Beispiel-Sammlung bietet ihm
einen 'Steinbruch' an Problemen und Lösungen. Die Sammlung
enthält neben den gängigen Aufgaben der Schulmathematik viele
Spiele und Alltagsaufgaben. Dem Autor ist es dabei nicht um
perfekte Programmierung gegangen. Vielmehr soll der Leser
angeregt werden, Verbesserungen vorzunehmen und eigene Ideen
zu entwicklen.
DiesesBuch versteht sich als Hilfe zum Einstieg in die eigene
BASIC-Programmierung. Lernen durch Tuen ist die Devise!

Die Grundzüge von BASIC kann man in wenigen Stunden <u>praktisch</u> erlernen. Wozu braucht man dann so viele Programmbeispiele? Erstens ist die Programmierung nur ein (meist kleiner) Teil einer Problemlösung. Besonders dem Computereinsteiger soll die Doppelaufgabe der theoretischen Lösung und der fehlerfreien Programmierung erleichtert werden.

Zweitens muß man sich an die meist ungewohnte Arbeits- und Denkweise des Programmierens gewöhnen. Das gilt besonders für den Übergang von der statischen mathematischen Gleichung zur dynamischen Zuordnungsanweisung. Hier können unterschiedliche Beispiele Hilfestellung leisten.

Mancher Leser wird bemängeln, dass die angegebenen Lösungen der einzelnen Beispiele nicht ausführlicher begründet werden. Das ist leider schon aus Platzgründen hier nicht möglich.

Der Vorrang wurde einem möglichst breiten Angebot von einfachen Anwendungen gegeben. In bestimmten Fällen wird der Leser auf die Fachliteratur zurückgreifen müssen.

Eine große Zahl der Programmbeispiele wird ausführlicher beschrieben in

K.MENZEL: Elemente der Informatik, ML-Reihe, Teubner-Verlag.

Hinweise für den praktischen Gebrauch der Programme werden am Beginn der Kapitel 6.1, 6.2 und 6.3 gegeben.

Für Hinweise auf Denk-, Sach-, Programmier- und Druckfehler ist der Autor jedem Leser durchaus dankbar.

Für APPLE- und COMMODORE-Systeme gibt es Diskettenversionen der 100 BASIC-Programme. Die APPLE-Version ist auf allen APPLE-Systemen (DOS 3.3.) lauffähig. Bei COMMODORE beachte man unbedingt den Typ des Laufwerkes, da diese i.a. nicht untereinander kompatibel sind.

Dem TEUBNER-VERLAG darf ich für die wie immer gute Zusammenarbeit danken.

Meiner Tochter Regine danke ich für die Auflockerung durch ihre Illustrationen.

Schwäbisch Gmünd, im Januar 1984   Klaus Menzel

INHALTSVERZEICHNIS

BASIC-VERZEICHNIS

BASIC-Elemente

	Erklärung (Seite)	Anwendung in Beispiel
ABS(X)	18	26,28,42,44,53,57ff.,63,90,93
ATN(X)	18	64
AND	37	38,44,50ff.,58,60,98
COS(X)	18	93
DATA/READ	23,28	55,61f.,86,91,94f.,99
DEF FN	36	26
DIM	33	23f.,30f.,40,46,48,50ff.,65,77ff.
EXP(X)	18	60,84
FOR/NEXT	17,26	14ff.,23f.,29f.,32ff.
GET	22,28	38,47,48,52,54,58ff.
GOSUB	34	23f.,50,57,59,62,65,84,86
GOTO	15,25	2ff.
HOME	-	44,49,53,57f.
IF...THEN	15,25,30	1ff.
INPUT	14,22,28	1ff.
INT(X)	18	2ff.,13ff.,18ff.,22,33ff.,30f.,41ff.
LEFT$(X$,I)	31	62,65,88
LEN(X$)	31	17f.,20f.,37,48f.,62,88,98
LET(=)	14,24	1ff.
LOG(X)	18	61
MID$(X$,I,K)	32	14,17f.,20ff.,37,45,49f.,53,57,62,64,76f.,,86,88,95,98f.
NEXT (s. FOR/NEXT)		
NOT	37	51,98

Erklärung (<u>Seite</u>)		Anwendung in <u>Beispiel</u>
ON N GOTO	35	40,48,51,57f.,62,84,86
OR	37	15f.,38f.,44,47,50ff.,63f.,88,91,98
PRINT	14,20f.,28	1ff.
READ/DATA	23	49,55,61f.,74,86,91,94f.,99
RESTORE	23	62,91,94
RETURN (s. GOSUB)		
RIGHT$(X$,I)	24	44f.,88
RND(X)	18	33ff.
SGN(X)	18	64,83,98
SIN(X)	18	64,93
SPC(X)	21	45
SQR(X)	18	25,32,61,64,82f.,90,94,96
STEP	17,26	23f.,29,32,64,94,97
STR$(X)	31	19
TAB(X)	21	6,34ff.
TAN(X)	18	
THEN (s. IF...THEN)		
VAL(X$)	31	17f.,37,48,50,82,86

BASIC-Kommandos		DATEI-Befehle (FLOPPY DISK)
LIST	19	Für die Systeme
LOAD	19	COMMODORE BASIC 4
NEW	19	COMMODORE BASIC 2
RUN	19	APPLE CP/M-MBASIC
SAVE	19	APPLE DOS 3.3
		siehe Kap. 7 (Seite 201 ff.)

1 Einleitung

Warum gerade BASIC?

BASIC ist die bekannteste Programmiersprache der Welt. Dazu
hat nicht nur ihr Einsatz im angelsächsischen Schulbereich,
sondern vor allem die breite Verwendung im schnell wachsenden
Bereich der Heim- und Hobbycomputer beigetragen.

Wer einen Heimcomputer mit der Standardsprache BASIC nach
Hause trägt, hat eigentlich kein Sprachproblem. Er kann
(im Prinzip) davon ausgehen, daß seine künftigen BASIC-Programme auch auf einem Nachfolge-Tischcomputer oder dem Tischcomputer des Nachbarn "laufen" werden. Das ist ein Vorteil,
den BASIC mit anderen "problemorientierten" Sprachen gemein-
sam hat.

Das erklärt jedoch noch nicht die hohe Verbreitung von BASIC.
Ganz wesentlich dafür ist vielmehr der recht geringe Rechner-
aufwand für den Einsatz von BASIC. Man kommt dabei mit einem
geringen Speicherbedarf aus. Hinzu kommt die universelle Ver-
wendbarkeit von BASIC, mit dem sich grundsätzlich jede algorithmische Lösung formulieren läßt. Günstig wirkt sich etwa
bei den Anwendungsgebieten Spiele und Simulationen die große
Dialogfreundlichkeit von BASIC aus. Der Benutzer eines BASIC-
Programmes kann dabei nicht nur während des Ablaufes Daten
eingeben, sondern auch abfragen, ohne daß der korrekte Verlauf beeinträchtigt wird.

Als entscheidender Pluspunkt -insbesondere im Schulbereich-
muß die leichte Erlernbarkeit von BASIC angesehen werden.

Es wird nun nicht überraschen, daß BASIC auch einen entschei-
denden Fehler aufweist. Es ist ein nicht behebbarer Geburts-
fehler. BASIC taugt nicht für die heute wünschenswerte sogenannte "strukturierte Programmierung". Das Prinzip dieser
Programmierung besteht darin, das Lösungsverfahren schrittweise zu "verfeinern". Dazu ist insbesondere eine "Blockstruktur" notwendig, die BASIC nicht aufweist. Dieser Geburts-
fehler ist auch nicht behebbar, da dabei andere Vorteile, wie
die gute Dialogfähigkeit oder die leichte Erlernbarkeit verloren gehen müßten.

Wie auch immer, BASIC in der heutigen Form hat sich sehr schnell durchgesetzt. Es wird die Szene der Mikrocomputer wohl für eine längere Zeit beherrschen. Das gilt insbesondere im kommenden Jahrzehnt für den Schulbereich in der Bundesrepublik. Hier hat sich gegenüber dem angelsächsischen Gebiet ein erheblicher Nachholbedarf gebildet. Preiswerte Einzelplatzsysteme(Tischcomputer) sind vorerst nur in BASIC verfügbar. Größere Programmsammlungen für die schulischen Anwendungen existieren ebenfalls nur in BASIC. Die Verwendung einer Programmiersprache über BASIC-Niveau hinaus scheitert vor allem an den fehlenden Vorkenntnissen und Fortbildungsmöglichkeiten der Lehrerschaft und an den höheren Kosten der Rechnersysteme.

Für den Hobby-Programmierer stellt sich eher die Frage nach der Verwendung maschinennaher Assemblersprachen. Diese können sehr zeit- und speichergünstig eingesetzt werden. Hauptnachteil ist die fehlende Übertragbarkeit(Kompatibilität) von einem Rechnersystem zum anderen. Die meisten Tischrechner besitzen heute beide Möglichkeiten, so daß Kostenaspekte bei der Anschaffung ausscheiden. Leider haben sich bei fast allen Herstellern inzwischen Abweichungen vom Standard-BASIC entwikkelt, die zu Schwierigkeiten bei der Übernahme von BASIC-Programmen zwischen verschiedenenen Rechnersystemen führen können.

Sowohl für den schulischen Einsatz, wie auch für den Hobby-Programmierer kann die hier angebotene Programm-Sammlung gute Dienste leisten. Man hat ohne großen Aufwand einen Grundstock von BASIC-Programmen zu Standardproblemen zur Verfügung.

Zum Schluß soll die Frage beantwortet werden, wie zwangsläufig BASIC als Programmiersprache eigentlich ist. BASIC enthält fünf elementare Grundelemente, um jeden Algorithmus beschreiben zu können(s.Kap.3 Elemente von BASIC).

Über diese Grundelemente hinaus sind zur Erleichterung der Programmierung weitere Sprachelemente vereinbart(s.Kap.5 Erweiterung von BASIC). Wichtigster Bestandteil sind vor allem Möglichkeiten zur "Textverarbeitung". Diese Anwendungen übertreffen die klassischen Anwendungen heute um ein Vielfaches.

2 Aufbau eines Basic-Programmes

2.1 Die Grundstruktur

Jedes Programm besteht aus einer Folge von Anweisungen.
Jede BASIC-Anweisung(Befehl) beginnt mit einer <u>Zeilennummer</u>.
Jede Anweisung wird mit der RETURN-Taste (RT) abgeschlossen:

```
          10 INPUT A  (RT)
          20 PRINT A  (RT)
```

Durch die Zeilennummer wird die <u>Reihenfolge</u> der BASIC-Befehle
festgelegt. Die Nummern werden zweckmässig in 10-er Abständen
(10, 20, 30,...) gewählt, um später eventuell weitere Befehle
(Korrekturen, Änderungen u.a.) einfügen zu können:

```
          10 INPUT A  (RT)
          15 PRINT    (RT)
          20 PRINT A  (RT)
```

Die einzelnen BASIC-Befehle müssen nicht in der "richtigen"
Reihenfolge eingegeben werden. Der Rechner ordnet sie von sich
aus. Die Zeilennummer spielt bei der Programm-Verzweigung(2.4)
eine wichtige Rolle.
So wie sich Menschen untereinander nur verstehen, wenn sie die
gleiche Sprache sprechen, so kann ein BASIC-Rechner die BASIC-
Sprache verstehen und auch danach "handeln".
Die BASIC-Sprache besteht aus leicht verständlichen englischen
Sprachelementen. Sie können die Grundelemente der Sprache in
wenigen Stunden erlernen. Ob Sie danach ein "gutes" Programm
schreiben können, hängt aber ganz davon ab, ob Sie das jeweilige Problem nicht nur verstanden, sondern auch richtig ge-
löst haben.

Achtung! Fehler macht nicht der Rechner, sondern das Programm.
Fehler macht nicht das Programm, sondern der Programmierer!

Leider melden viele BASIC-Rechner selbst simple Schreibfehler
nicht sofort bei der <u>Eingabe</u> des BASIC-Befehls, sondern erst
zum Zeitpunkt der <u>Ausführung</u> innerhalb des Programmes. Das ist
ein großes Handicap, weil sich Schreibfehler leicht erkennen
und korrigieren lassen, andere Fehler lassen sich während der
Programmausführung jedoch bedeutend schlechter beheben.
Eine fehlerhafte Anweisung wird am einfachsten unter derselben
Zeilennummer neu geschrieben.

Was geschieht nun bei der Ausführung eines Programmes?
Nach dem direkten Befehl RUN (RT) beginnt der Rechner, das
BASIC-Programm 'abzuarbeiten". Die Ausführung beginnt beim
BASIC-Befehl mit der kleinsten Zeilennummer(in der Regel 1Ø).
Der Rechner stellt jeweils fest, ob es sich um einen Befehl
handelt, den er unmittelbar ausführen kann(Eingabe/Ausgabe/
Zuordnung/Arithmetik) oder ob es sich um einen Verzweigungs-
Befehl (IF...THEN, GOTO) handelt. Bei einer Verzweigung wird
also nicht der Reihe nach mit dem nächsten BASIC-Befehl fort-
gefahren, sondern zu einer anderen Zeilennummer "gesprungen":

                    1ØØ IF A=B THEN 2ØØ
                    11Ø GOTO 3ØØ

Der Befehl mit Zeilennummer 11Ø ist klar: Es wird in jedem
Fall, d.h. unbedingt zur Zeilennummmer 3ØØ "gesprungen". Bei
der Zeilennummer 1ØØ wird zunächst festgestellt, ob die Werte
von A und B gleich sind, falls ja, so wird nach 2ØØ gesprun-
gen(bedingter Sprung). Ist die Bedingung nicht erfüllt, so
wird mit dem nächsten BASIC-Befehl(hier also 11Ø) fortgefah-
ren. Es leuchtet unmittelbar ein, daß damit stets ein Ablauf
ohne Eingriff von außen möglich ist.
Die Leistungsfähigkeit jeder Programmierung besteht gerade
darin, daß einzelne Programmteile durch Wiederholung sehr oft
durchlaufen werden können. Auf diesem Prinzip der Programm-
steuerung mit sogenannter Schleifenbildung (J.von Neumann)
beruht unsere gesamte heutige Elektronische Datenverarbei-
tung(EDV).
Die Grundstruktur von BASIC ist elementar und übersichtlich.
Das ist Stärke und Schwäche von BASIC zugleich. Stärke deshalb, weil man BASIC sehr schnell erlernen kann und der Aufwand für die Realisierung von BASIC auf einem Rechner relativ
gering ist. Beides ist für den Schul- und Hobby-Einsatz ein
wesentlicher Vorteil. Die Hauptschwäche der Grundstruktur von
BASIC sind die fehlenden Voraussetzungen für eine "strukturierte" Programmierung, mit der eine algorithmische Problemlösung schrittweise verfeinert werden kann. Dazu fehlt BASIC
die Möglichkeit von "Prozedur-Vereinbarungen" mit einem Parameteraufruf und einer sog. Blockstruktur.

2.2 Die fünf Elemente

BASIC muß -wie andere Programmiersprachen- fünf Hauptaufgaben

        - Ausgabe

        - Eingabe

        - Zuordnung

        - Verzweigung

        - Arithmetik

lösen können. Die zugehörigen BASIC-Befehle werden in Kap. 3 bzw. 4 näher erläutert. Aus diesen fünf Bausteinen läßt sich jedes Programm zur Lösung eines algorithmischen Problems zusammensetzen. Jede Lösung eines algorithmischen Problems kann also mit Hilfe von BASIC beschrieben, d.h. vom Zeitbedarf abgesehen auch praktisch ausgeführt werden.

Weitere "Bausteine" dienen lediglich dem "Komfort" des Programmierens. Häufig verderben aber zu viele Sprachelemente die Übersichtlichkeit und die Übertragbarkeit eines Programmes. Deshalb suche man als Anfänger auch nicht nach spitzfindigen Programmlösungen, der elementare gerade Weg ist auf die Dauer der zweckmässigste.

Bevor wir die fünf Elemente kurz beschreiben, soll hier von der "Datenstruktur" die Rede sein. Einfacher gesagt, was ist das Rohmaterial, mit dem ein BASIC-Programm arbeitet? Dazu müssen wir in BASIC zwei Arten von Platzhaltern oder Variablen unterscheiden:

a)Numerische Platzhalter: Jeder numerische Platzhalter repräsentiert einen Zahlwert, mit dem arithmetisch gerechnet werden kann. In BASIC beginnt jeder numerische Platzhalter mit einem Buchstaben, dem ein 2. Buchstabe oder eine Ziffer folgen darf. Beispiele. A, B, X1, YZ

b)Nichtnumerische Platzhalter: Jeder nichtnumerische Platzhalter repräsentiert eine "Zeichenkette"(string) meist bis zu maximal 256 Zeichen. In BASIC wird zur Kennzeichnung einer solchen Textvariablen der Bezeichnung ein Dollarzeichen $ angehängt. Beispiele A$, B$, X1$, YZ$

Hinweis. Der BASIC-Rechner unterscheidet selbsttätig zwischen numerischen und nichtnumerischen Platzhaltern. A und A$ darf man also nebeneinander in einem Programm verwenden.

Erstes Element: AUSGABE

Ein Programm ohne Ausgabe-Befehle ist praktisch sinnlos. Wir würden ja nichts über Ablauf und Ergebnis erfahren. Ausgabe von numerischen und nichtnumerischen Platzhaltern sowie Begleittexten erfolgt in BASIC mit einem einzigen Befehl, dem

PRINT-Befehl.

Das erscheint klar und unkompliziert, enthält aber dennoch eine ganze Reihe praktischer Probleme(näheres s. 3.1).

Zweites Element: EINGABE

In den meisten Fällen werden für die Lösung eines Problems unterschiedliche Ausgangsdaten verwendet. Das müssen jedoch nicht immer Zahlen sein. Bei einem Spiel können z.B. auch Texte(Antworten) eingegeben werden. Anders als bei der Ausgabe gibt es sinnvolle praktische Programme ohne eine einzige Eingabe, z.B. eine Liste aller Primzahlen von 1 bis 100. Der wichtigste Eingabebefehl in BASIC neben READ und GET ist der INPUT-Befehl.
Nach jedem solchen Befehl stoppt der Rechner den Ablauf des Programmes und erwartet die Eingabe von Daten(s.3.2).

Drittes Element: ZUORDNUNG

Eine erste Möglichkeit, Platzhaltern Daten(Werte,Texte) zuzuordnen, haben wir mit dem Eingabe-Befehl kennengelernt. Sonst wird einem numerischen Platzhalter meist durch Rechnung, einem nichtnumerischen Platzhalter durch Textverarbeitung eine Zeichenkette zugeordnet. Das geschieht stets mit dem

(LET) = -Befehl.

Dem Platzhalter auf der linken Seite des Gleichheitszeichens wird der aktuelle Wert /Zeichenkette auf der rechten Seite zugeordnet. Diese Belegung des Platzhalters bleibt dann im weiteren Programmablauf solange verfügbar, bis sie durch eine Zuordnung oder Eingabe verändert wird. Das LET am Kopf des Zuordnungsbefehls darf i.a. weggelassen werden(Option). Es soll lediglich unterstreichen, daß die Zuordnung keine mathematische Gleichheit, sondern eine Zuweisung mit Zeitabhängigkeit bedeutet(näheres s.3.3).

Viertes Element: VERZWEIGUNG

Mit unseren bisherigen Bausteinen Ausgabe, Eingabe, Zuordnung
können wir die Lösung eines Problems bereits schrittweise als
BASIC-Programm formulieren. Der für den Rechnereinsatz wesentliche Baustein fehlt uns allerdings noch. Er soll erlauben,
daß in Abhängigkeit von einer Bedingung bestimmte Teile eines
BASIC-Programmes mehrfach durchlaufen werden(Wiederholung in
einer Schleife) oder übergangen werden(alternativer Programm-
teil). Die Möglichkeit einer solchen bedingten Verzweigung
wird in BASIC realisiert mit dem

IF...THEN-Befehl.

Erreicht der Rechner einen solchen Befehl, so wird die folgende Alternative eindeutig entschieden: Entweder ist die
hinter dem IF stehende Bedingung erfüllt (wahr), dann wird
zu der hinter dem THEN stehenden Zeilennummer verzweigt, d.h.
es wird von der direkten Nacheinanderausführung der BASIC-
Befehle abgewichen. Ist die Bedingung nicht erfüllt(falsch),
so wird der nächste BASIC-Befehl in der direkten Reihenfolge
ausgeführt.
In BASIC ist auch der unbedingte Sprung zu einer Zeilennummer
möglich, er wird realisiert mit dem

GOTO-Befehl.

Das Programm wird dann ohne jede Bedingung mit der hinter dem
GOTO stehenden Zeilennummer fortgesetzt.

Fünftes und letztes Element: ARITHMETIK, ANORDNUNG

Was wir am ehesten erwartet hätten, bleibt jetzt am Schluß
noch übrig, das simple arithmetische Rechnen. Zur numerischen
Verarbeitung müssen die Grundrechenarten +, -, * und / zwischen numerischen Platzhaltern ausführbar sein.
Darüber hinaus muß es möglich sein, je zwei numerische bzw.
nichtnumerische Platzhalter "der Größe" nach zu vergleichen,
d.h. zwischen zwei solchen Platzhaltern muß genau eines der
Zeichen =, < oder > wahr sein. Für nichtnumerische Platzhal-
ter(Text) bedeutet dabei z.B. A$ < B$, daß der TEXT A$ bei
alphabetischer Reihenfolge <u>vor</u> dem TEXT B$ in einem Lexikon
angegeben wäre(näheres s.4.1).

2.3 Flußdiagramme

Das Schreiben und Testen eines BASIC-Programmes ist nur der
letzte Schritt zur Lösung eines Problems. Ein BASIC-Programm
wird immer nur so gut sein können, wie die Vorbereitungen und
das Lösungsverfahren selber wert sind. Der direkte Schritt
von der mathematischen Lösung zum Programm ist meist noch zu
groß. Ein Hilfsmittel für einen Zwischenschritt zum BASIC-
Programm ist die Darstellung des Lösungsverfahrens in einem
Flußdiagramm. Solche Flußdiagramme lassen sich -auch wenn sie
selbst noch keine BASIC-Elemente enthalten- recht einfach in
BASIC-Programme umschreiben. Umgekehrt wird das Verständnis
eines BASIC-Programmes häufig sehr erleichtert, wenn es als
Flußdiagramm interpretiert wird.
Die "Verwandtschaft" zwischen Flußdiagrammen und BASIC zeigt
die Übereinstimmung der fünf Elemente von BASIC(s.2.2) mit
den graphischen Elementen eines Flußdiagramms:

a.Ausgabe/Eingabe: Symbol Parallelogramm

b.Zuordnung/Arithmetik: Symbol Rechteck

c.Verzweigung: Raute

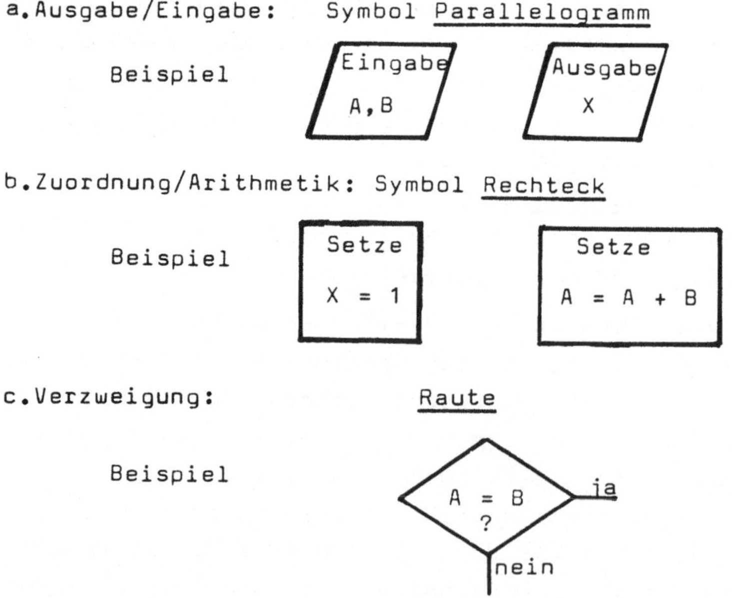

Auf weitere Erläuterungen kann verzichtet werden. Es leuchtet
unmittelbar ein, daß sich die Flußdiagrammsymbole in die Formulierung eines BASIC-Programmes direkt übertragen lassen.
Um den Zusammenhang der Einzelsymbole zu zeigen, wird das

Beispiel Maximum von A,B
als Flußdiagramm und als BASIC-Programm dargestellt:

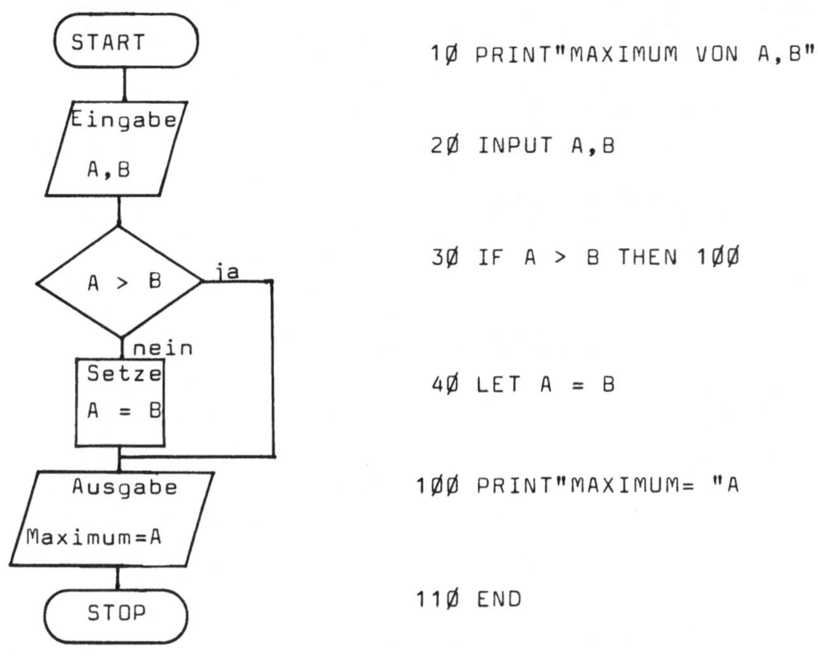


```
1Ø PRINT"MAXIMUM VON A,B"

2Ø INPUT A,B

3Ø IF A > B THEN 1ØØ

4Ø LET A = B

1ØØ PRINT"MAXIMUM= "A

11Ø END
```

Hinweis. Flußdiagramme haben gegenüber BASIC-Programmen den
Vorteil, daß sie grundsätzlich nicht an ein bestimmtes Aus-
führungsniveau gebunden sind. Sie können also auch verschiedene Grade der Lösung eines Problems (korrekt) wiedergeben.
Anders als BASIC lassen Flußdiagramme daher eine schrittweise
Verfeinerung des Lösungsverfahrens im Prinzip zu.
Für die direkte Darstellung einer "Laufanweisung"(s. 3.5)
wird das folgende, nicht allgemein übliche Symbol zur Vereinfachung in einem Flußdiagramm verwendet:

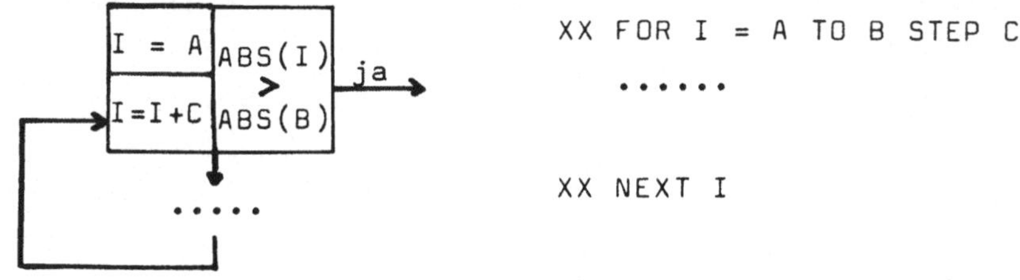


```
XX FOR I = A TO B STEP C
......

XX NEXT I
```

2.4 Standardfunktionen

BASIC besitzt -wie jede andere Programmiersprache- eine Reihe von _speziellen_ Funktionen, sogenannten Standardfunktionen. Grundsätzlich sind sie zwar entbehrlich, sie erleichtern aber die Programmierung in vielen Fällen, stellen also einen angenehmen Komfort dar.

Im folgenden sind die wichtigsten Funktionen beschrieben:

1. $\boxed{\text{INT(X)}}$ Wirkung: Die Funktion INTEGER(engl.ganz)

  Bsp. INT(2.3)=2   wandelt das Argument X in die größte ganze Zahl um, die kleiner oder gleich X ist.

  Anwendung. Teilbarkeit,Zahlentheorie, Würfelspiele.

2. $\boxed{\text{RND(X)}}$ Wirkung: Die Funktion RANDOM(engl.Zufall) wählt eine Zufallszahl Z aus dem Intervall $0 \leq Z < 1$ aus. Das Argument X hat nur eine indirekte Bedeutung, die (leider) nicht einheitlich ist.

  Anwendung. Würfelspiele, Simulation

3. $\boxed{\text{ABS(X)}}$ Wirkung: Die Funktion liefert den Absolutbetrag des Argumentes X

  Bsp. ABS(-1.7)=1.7

4. $\boxed{\text{SGN(X)}}$ Wirkung: Die Funktion liefert das Vorzeichen(SIGNUM) von X (für X=0 ist SGN(X)=0).

  Bsp. SGN(-1.7)= -1

5. $\boxed{\text{SQR(X)}}$ Wirkung: Die Funktion SQUARE ROOT(engl. Quadratwurzel) liefert eine Näherung für die Quadratwurzel.

  Bsp. SQR(4)=2

6. $\boxed{\begin{array}{l}\text{EXP(X)}\\\text{LOG(X)}\\\text{SIN(X)}\\\text{COS(X)}\\\text{TAN(X)}\\\text{ATN(X)}\end{array}}$ Wirkung: Zu jeder der mathematischen Funktionen wird ein (angenäherter) Wert verwendet: Exponentialfunktion, natürlicher Logarithmus, sin-, cos-, tan-Funktion und arcus tan-Funktion. Das Argument von sin, cos und tan erfordert das Bogenmaß.

2.5 Steuersprache

Da BASIC-Programme in der Regel direkt an einem Rechner hergestellt und ausgeführt werden, benötigt man einige wichtige
Kommandos zur Verwendung von BASIC-Programmen, die im folgenden kurz beschrieben werden:

0.Löschen eines Programmes

NEW (RT) Wirkung: Das im Speicher des Rechners
befindliche BASIC-Programm wird
gelöscht.

1.Ausführen eines Programmes

RUN (RT) Wirkung: Das im Speicher des Rechners
befindliche BASIC-Programm
wird (beginnend mit der kleinsten Zeilennummer) ausgeführt.

LIST (RT) Wirkung: Das im Speicher des Rechners
befindliche BASIC-Programm
wird zeilenweise gelistet.

LIST M-N (RT) Wirkung: Die Zeilen M bis N eines im
Speicher des Rechners vorhan-
denen BASIC-Programms werden
zeilenweise gelistet.

3.Speichern eines Programms

SAVE *Name* (RT) Wirkung: Das im Speicher des Rechners
befindliche BASIC-Programm
wird unter *"Name"* auf Kassette
oder Diskette abgespeichert.

4.Laden und Ausführen eines Programms

RUN *Name* (RT) Wirkung: Das Programm *"Name"* wird von
Kassette oder Diskette in den
Speicher geladen und gestartet.

5.Laden eines Programms

LOAD *Name* (RT) Wirkung: Wie bei 4. ohne Start

3 Elemente von Basic

3.1 Ausgabe (PRINT)

Die Ausgabe von Ergebnissen steht normalerweise am Ende einer
Problemlösung. Wir beginnen unsere Beschreibung dennoch mit
dem Ausgabe-Befehl PRINT aus folgendem Grund. Mit Hilfe von
PRINT kann man allgemein TEXTE(wie Überschriften, Fragen,
Anweisungen usw.) während des Programmablaufes "schreiben".
Deshalb ist PRINT einer der häufigsten BASIC-Befehle.

```
PRINT "MEIN 1.BASIC-PROGRAMM"    (RT)
```

Die Wirkung dieses BASIC-Befehls besteht in der Ausgabe von
        MEIN 1.BASIC-PROGRAMM

Alles was -wie bei einer direkten Rede- zwischen den Anführungszeichen (") steht, wird "ausgegeben". Wir wollen jetzt
nicht unterscheiden, ob es sich um einen <u>direkten</u> Befehl
(ohne Zeilennummer) oder einen <u>Programm-Befehl</u> mit Zeilennummer handelt, der erst mit Kommando RUN ausgeführt wird.
Wir könnten auf diese Weise ein ganzes Gedicht als Folge von
PRINT-Anweisungen notieren und anschließend "drucken" lassen.

Bei einem Tischcomputer erfolgt die Ausgabe i.a. auf einem
Bildschirm(display). Von dieser "Normalausgabe" gehen wir im
folgenden stets aus. Über die Verwendung eines Papierdruckers
geben die jeweiligen Benutzungs-Anleitungen Auskunft.

```
PRINT
```
ohne Zusatz erzeugt eine Leerzeile

```
PRINT A
```
druckt den <u>Wert</u> des Platzhalters A

```
PRINT"A="A
```
druckt: A=(Wert von A)
Um Text und Wert einfacher voneinander
zu unterscheiden, geben wir in Zukunft
den Wert von A als <u>A</u> (A unterstrichen) an.
A=<u>A</u> bedeutet: Ausgabe des <u>Textes</u> A= <u>und</u>
des <u>Wertes</u> von A (z.B. A=3.5)

```
PRINT"A = "A
```
druckt: A = <u>A</u>
Das ist zwar im Zahlenergebnis identisch
mit dem vorigen, es werden jedoch vor und
nach dem = je ein Zwischenraum gedruckt.

Bis dahin scheint alles problemlos. Dennoch sind gerade bei
der Ausgabe Unterschiede der einzelnen BASIC-Versionen zu beachten. Hier haben leider auch kleine Abweichungen oft unangenehme Folgen.
Ausgabe in Tabellenform:

| PRINT A,B,C |

Wirkung: Die Werte von A,B und C werden in
eine Zeile mit _festem_ Abstand
voneinander gedruckt.

Bsp.   A=1   B=2   C=3   Ausgabe:

    PRINT A,B,C   1   2   3
    PRINT 1Ø*A,1Ø*B,1Ø*C   1Ø   2Ø   3Ø

| PRINT A;B;C |

Wirkung: Die Werte von A,B und C werden in
eine Zeile _ohne_ Abstand gedruckt.

Bsp.   A=1   B=2   C=3   Ausgabe:

    PRINT A;B;C   123   oder   1 2 3
    PRINT 1Ø*A,1Ø*B,1Ø*C   1Ø2Ø3Ø   oder   1Ø 2Ø 3Ø

                                        (je nach BASIC-Version!)

Die wichtigste Aufgabe des Semikolon ist allerdings, die
Ausgabe _einer Zeile_ mit _mehreren_ PRINT-Befehlen auszuführen.
Wird ein PRINT-Befehl mit dem Semikolon beendet, so unter-
bleibt die Ausgabe zunächst, mit weiteren PRINT-Befehlen
kann die Ausgabe in der gleichen Zeile fortgesetzt werden.

Bsp. PRINT"ERGEBNIS:";   Ausgabe:
    PRINT A,B;
    PRINT" ENDE"   ERGEBNIS: 1   2 ENDE

Verwendung von Ausgabefunktionen:

a) | TAB(X) | Wirkung: Die Schreibposition wird auf
                                Spalte X einer Zeile gesetzt.

Bsp.   PRINT TAB(12);A   Der Wert von A wird ab Spalte 12
                         (einschl. Vorzeichen) gedruckt.

b) | SPC(X) | Wirkung: Die Schreibposition wird um
                                X Stellen nach rechts versetzt
                                (relativ zur vorherigen Position).

3.2 Eingabe

Die Eingabe von Daten(Zahlen/Texte) kann entweder im <u>Dialog</u>
nach einem Programmstopp oder ohne Programmstopp erfolgen.
Eine besondere Stärke von BASIC-Rechnern besteht darin, daß
nicht alle Daten eines Programmes <u>vor</u> dem Start des Programmes
angegeben werden müssen. Vielmehr können auch Daten in Abhängigkeit von den jeweiligen Ergebnissen in das Programm eingegeben werden(Dialogfähigkeit). Nur so ist es möglich, BASIC
für Spiele zu verwenden.

Eingabe <u>mit</u> Programmstopp(Dialog):

| INPUT A | Wirkung: Das Programm stoppt. Es er-
scheint ein Fragezeichen(?).
Nach Eingabe eines Zahlwertes
(Tastatur, Abschluß RT-Taste)
wird das Programm fortgesetzt.

| INPUT A,B,C | Wirkung: 3 Zahlwerte, durch Kommata ge-
trennt, werden angefordert.

| INPUT "A=";A | Wirkung: entspricht der Zusammenfassung
entspricht: eines PRINT-Befehls PRINT"A=";
PRINT "A=";   und eines INPUT-Befehls
INPUT A   INPUT A.
                              Gilt nicht für alle BASIC-
                              Systeme. Das Fragezeichen des
                              "reinen" INPUT-Befehls fehlt.

Eingabe <u>ohne RETURN-Taste</u>(Dialog):

| GET A | Wirkung: Das Programm stoppt. Nach der
                       Eingabe <u>einer</u> Ziffer wird das
Vorteil des GET-Befehls: Programm direkt fortgesetzt.
Schnelle Eingabe (günstig   Wird keine Ziffer eingetastet,
bei Spielen).   so erscheint Fehlermeldung.

| GET A,B,C | Wirkung: 3 Ziffern (ohne Kommata) wer-
                        den angefordert.

Hinweis: Die Eingabe mit GET ist nicht bei allen BASIC-
Systemen zulässig. Ersatz durch INPUT mit RT ist problemlos.

Eingabe <u>ohne</u> Programmstopp:

| READ A |

| DATA <u>A</u> | (z.B. DATA -1.5)

Wirkung: Ohne Stopp des Programms wird für den Platzhalter A ein Wert aus der DATA-Anweisung übernommen. Die Werte werden genau einmal der Reihe nach gelesen.

| READ A,B,C |

| DATA <u>A</u>,<u>B</u>,<u>C</u> |

Wirkung: Ohne Stopp des Programms wird je ein Zahlwert für A, B, C aus der DATA-Anweisung übernommen.

<u>Hinweis</u>. DATA-Anweisungen dürfen an beliebiger Stelle im Programm, also auch vor einem READ-Befehl stehen. Sie stellen einen Wertevorrat dar, den man der Reihe nach "lesen" kann.

Der READ/DATA-Befehl erscheint gegenüber der Eingabe <u>mit</u> Programmstopp(Dialog) zunächst wie eine Einschränkung der Eingabe im Dialog. Das trifft für den Fall der "freien" Eingabe auch zu. Mit der READ/DATA-Anweisung hat man jedoch zwei zusätzliche Möglichkeiten:

1. Ein Testdatensatz kann die Funktionsfähigkeit anhand eines RUN-Protokolls sicherstellen.

2. Ein Satz von Konstanten kann leicht zusammengefaßt und ausgetauscht bzw. geändert werden.

```
Bsp.    A = 1                    {   READ A,B,C,D
        B = Ø
        C = Ø.5                      DATA 1,Ø,Ø.5,-1.75
        D = -1.75
```

Erneuerung der DATA-Befehle:

| RESTORE |

Wirkung: Alle DATA-Anweisungen eines Programmes werden "erneuert". Unabhängig davon, wieviele der Daten bereits gelesen wurden, beginnt die nachfolgende Eingabe durch READ wieder mit der ersten DATA-Anweisung.

Die RESTORE-Anweisung erlaubt es, den gleichen Datensatz mehrfach mit dem READ-Befehl zu lesen.

3.3 Zuordnung (=, LET)

Im Laufe eines Lösungsverfahrens werden numerische Platzhalter
mit Werten belegt, die Werte werden durch arithmetische Rechnung verändert und schließlich als Ergebnis(se) angegeben.
Neben der Eingabe(s.3.2) können Platzhaltern auf verschiedene
Weise Werte zugeordnet werden.

Zuordnung zu einer Konstanten:

$\boxed{\text{LET A = 1}}$ Wirkung: Der Platzhalter A erhält den
Zahlwert 1.

Zuordnung zu einem arithmetischen Ausdruck:

$\boxed{\text{LET C = A + B}}$ Wirkung: Dem Platzhalter C wird die
Summe der derzeitigen Werte
von A und B zugeordnet. A und
B bleiben selbst unverändert.

Ein wichtiges Element von BASIC -wie anderer Programmier-
sprachen- besteht darin, daß der Platzhalter, dem ein Wert
zugeordnet wird, selbst mit einem Wert "auf der rechten Seite"
der Zuordnung auftreten darf:

$\boxed{\text{LET I = I + 1}}$ Wirkung: Der derzeitige Wert des Platzhalters I wird um 1 erhöht und
<u>anschließend</u> wieder dem Platz-
halter I zugeordnet.

Es handelt sich also keinesfalls um eine mathematische Gleichung, sondern um eine <u>Zuordnung</u> mit einem zeitlichen Nacheinander. Zunächst wird der Wert der "rechten Seite" gebildet,
dann wird dieser dem Platzhalter der "linken Seite" zugeordnet.

Zuordnung zu einem Funktionswert:

$\boxed{\text{X = SQR(X/2)}}$ Wirkung: Der derzeitige Wert von X wird
durch 2 dividiert, dazu ein
Näherungswert für die Quadratwurzel bestimmt und dem Platzhalter X zugeordnet.

Hinweis: LET *darf jeweils*
weggelassen werden!

Natürlich dürfen alle drei Arten der Zuordnung untereinander
beliebig kombiniert werden: A = (0.5 + A/2)*SIN(2*A) + 1

3.4 Verzweigung (IF...THEN, GOTO)

Verzweigungen sind das Salz an der Suppe eines Programms.
Ohne Verzweigungen könnte jeder BASIC-Befehl nur einmal innerhalb des Programmes ausgeführt werden. Verzweigungen erlauben
uns, Programmteile mehrfach zu durchlaufen.

Bedingte Verzweigung:

| IF X THEN M | Wirkung: Ist die Aussage X erfüllt(wahr),
so wird als nächster Befehl der
mit der Zeilennummer M ausge-
führt(Sprung nach M). Sonst
wird der auf IF X THEN M folgende Befehl ausgeführt.

X ist eine Aussage,
M eine Zeilennummer.

Bsp. IF I=3 THEN 5ØØ
     IF K<2*N THEN 2Ø

Durch die bedingte Verzweigung ist es also möglich, aus der
direkten Aufeinanderfolge von BASIC-Befehlen nach "vorwärts"
oder "rückwärts" in Abhängigkeit von einer Bedingung zu
"springen". Damit können in einem Programm "Schleifen" gebildet werden. Dazu ein formales Beispiel

```
1ØØ INPUT N          Mit Hilfe dieser Schleife
11Ø I=Ø              wird der Befehl 12Ø ....
12Ø ....             N-mal durchlaufen
13Ø I=I+1            (s.3.5 Laufanweisung).
14Ø IF I<N   THEN 12Ø
```

Unbedingte Verzweigung:

BASIC erlaubt es, unabhängig von einer Bedingung an jede bestimmte Stelle des Programms zu springen.

| GOTO M | Wirkung: Als nächster BASIC-Befehl wird
der mit Zeilennummer M ausge-
führt.

Hinweis. Gegen den in der Sprache BASIC notwendigen Verzweigungsbefehl wird häufig grundsätzliche Kritik gerichtet. Dem
kann jedoch nur in einer "höheren" Sprache mit entsprechendem
Aufwand Rechnung getragen werden. Der BASIC-Benutzer sollte
sich jedoch bewußt sein, daß mit dem Verzweigungsbefehl große
Fehlerquellen verbunden sind!

3.5 Laufanweisung (FOR/NEXT)

Die "Schleifenbildung" war uns in <u>3.4 Verzweigung</u> als das
wesentliche Element zur wiederholten Ausführung von Teilen
eines BASIC-Programmes begegnet. Zur vereinfachten Schreib-
weise solcher Wiederholungen besitzt BASIC ein entsprechendes
Sprachelement.

Wirkung:

FOR I=A TO B STEP C
.... (BASIC-Befehle)
NEXT I

$I = A$

.... (BASIC-Befehle)   M

$I = I + C$

IF ABS(I)$\leq$ABS(B) THEN M

A, B, C dürfen Zahlen, Variable
oder arithmetische Ausdrücke sein.

I heißt <u>Laufvariable</u>

Bsp. FOR K=I+1 TO 12 STEP 2

Laufanweisungen dürfen auch mehrfach ineinander geschachtelt
werden:

```
          FOR I = 1 TO K
          FOR X = I TO Ø STEP -1
          .....
          NEXT X
          NEXT I
```

*Achtung! Die fehlerhafte Verwendung von Laufanweisungen kann
zeitraubende Fehlersuche bedeuten. Man beachte deshalb folgende Ratschläge:*

- niemals in eine Laufanweisung von außen hineinspringen.
- niemals innerhalb einer Laufanweisung die Laufvariable ver-
  ändern.

Eine weitere Fehlerquelle ergibt sich für den Fall, daß die
Laufvariable überhaupt keinen zulässigen Wert aufweist:

```
     FOR I=1 TO Ø STEP 1          Die Laufanweisung wird
     ....(BASIC-Befehle)          einmal mit I=1 durchlaufen!
     NEXT I
```

Laufanweisungen lassen sich für "Warteschleifen" einsetzen:

```
     FOR I=1 TO 2ØØØ              Eine derartige "Leerschleife"
     NEXT I                       kann dazu dienen, die Ausgabe
                                  z.B. zum Lesen zu verzögern.
```

4 Textverarbeitung in Basic

4.1 Zeichenketten

BASIC erlaubt es, neben den traditionellen Zahlwerten für
Platzhalter auch Zeichenketten(Text) zu verwenden und diese
nichtnumerischen Platzhalter in einem BASIC-Programm zu verarbeiten. Die betreffenden Platzhalter werden durch Anfügen
eines Dollarzeichens($) gekennzeichnet:

> A$ = "DAS IST EINE ZEICHENKETTE MIT 40 ZEICHEN"

Hinweis. Die sechs Zwischenräume(blanks) sind Zeichen!

Mit der Möglichkeit der Textverarbeitung überschreitet BASIC
nicht nur den Rahmen programmierbarer Taschenrechner, sondern
erreicht den Rang einer "professionellen" Programmiersprache.
Die hauptsächlichen Anwendungen der allgemeinen Datenverarbeitung liegen heute mindestens mengenmässig im Bereich der
Textverarbeitung. Dazu gehört insbesondere das Anlegen und
Verwalten großer Informationsbestände(Dateien). Grundsätzlich
lassen sich solche Aufgaben mit BASIC lösen, wie man sich an
vielen unserer Beispiele überzeugen kann.
Bevor wir uns mit Einzelheiten der Textverarbeitung beschäf-
tigen, müssen wir zunächst klären, wie man Texte "anordnen"
kann. Bei numerischen Platzhaltern ist das klar. Sie lassen
sich der Größe nach (A<B) anordnen. Bei Texten ist es nahelie-
gend, daß man sie wie in einem Lexikon anordnet. A$<B$ heißt
dann, daß der Text A$ vor dem Text B$ in einem (fiktiven)
Lexikon stehen würde. Wir müssen in diesem "Lexikon" allerdings nicht nur Buchstaben, sondern alle in BASIC verwendeten
Zeichen einschließlich Zwischenraum (ZWR) zulassen. Der Ver-
gleich zweier Texte erfolgt dann Zeichen für Zeichen von vorn
mit Hilfe der unten angegebenen ASCII-Tabelle:

Der 1.Wert gibt den Dezimalcode, der 2. das ASCII-Zeichen an.

32 ZWR	33 !	34 "	35 #	36 $	37 %	38 &	39 '
40 (	41)	42 *	43 +	44 ,	45 –	46 .	47 /
48 0	49 1	50 2	51 3	52 4	53 5	54 6	55 7
56 8	57 9	58 :	59 ;	60 <	61 =	62 >	63 ?
64 @	65 A	66 B	67 C	68 D	69 E	70 F	71 G
72 H	73 I	74 J	75 K	76 L	77 M	78 N	79 O
80 P	81 Q	82 R	83 S	84 T	85 U	86 V	87 W
88 X	89 Y	90 Z	91 [	92 \	93]	94 ^	95 _

4.2 Ausgabe/Eingabe

Die formale Wirkung der PRINT-, INPUT- und READ-Befehle
bleibt wie in 3.1 und 3.2 für nichtnumerische Platzhalter
bestehen.

| PRINT A$ | Wirkung: Die unter dem Platzhalter A$ abgelegte <u>Zeichenkette</u> wird ausgegeben(maximal 256 Zeichen) |

| INPUT B$ | Wirkung: Das Programm stoppt. Es erscheint ein Fragezeichen(?). Mit der Tastatur kann eine <u>Zeichenkette</u> bis zu 256 Zeichen eingegeben werden. Abschluß durch RT-Taste. |

| GET M$ | Wirkung: Das Programm stoppt. Nach der Eingabe <u>eines Zeichens</u> wird der Programmablauf(ohne RT-Taste) fortgesetzt. |

Vorteil: Schnelle Eingabe
<u>eines</u> Zeichens(günstig bei
Spielen).

| GET A$,B$,C$ | Wirkung: Drei Zeichen(ohne Kommatrennung) werden angefordert. |

| READ X$ | Wirkung: Aus der DATA-Liste wird <u>ohne</u> Programmstopp eine <u>Zeichenkette</u> gelesen und X$ zugeordnet. |
...
| DATA "Text" |

Bsp. DATA "KARL-OTTO, BONN"

| READ A$,B$,C$ | Wirkung: <u>Drei Zeichenketten</u> werden aus der DATA-Liste gelesen und A$, B$ bzw. C$ zugeordnet. |
...
| DATA "Text1","Text2", "Text3" |

<u>Hinweis</u>. Die RESTORE-Anweisung zur Erneuerung der DATA-
Anweisungen gilt uneingeschränkt auch für nichtnumerische
Daten. READ-Befehle mit numerischen <u>und</u> nichtnumerischen
Platzhaltern z.B. READ A,A$ sind zulässig, falls die DATA-
Liste entsprechend vereinbart ist bzw. wird.

4.3 Zuordnung

Die **Zuordnung** <u>numerischer</u> Platzhalter wurde in 3.3 näher
beschrieben. Die Zuordnungsmöglichkeiten für <u>nichtnumerische</u>
Platzhalter sind demgegenüber eingeschränkt. Hier werden
zunächst drei direkte Zuordnungsmöglichkeiten angegeben.
Weitere Möglichkeiten durch Verarbeitung der Zeichenketten
entnehme man Kap. 4.5.

Zuordnung durch direkte Textangabe

$\boxed{\text{M\$ = "}\textit{Text}\text{"}}$ Wirkung: Die Zeichenkette(*Text*) zwischen
den Anführungszeichen(") wird
Bsp. M$ = "GUTEN TAG!"   dem Platzhalter M$ zugeordnet.

Zuordnung durch direkte Übertragung

$\boxed{\text{M\$ = A\$}}$ Wirkung: Die Zeichenkette A$ wird voll-
ständig auf den nichtnumeri-
schen Platzhalter M$ übertra-
gen.

Zuordnung durch "Addition"

$\boxed{\text{M\$ = A\$ + B\$}}$ Wirkung: An die Zeichenkette A$ wird
die Zeichenkette B$ vollstän-
Bsp. A$ = "GUTEN "   dig angefügt und die "Summe"
     B$ = "TAG!"   dem nichtnumerischen Platz-
     M$ = A$ + B$ halter M$ zugeordnet.
     PRINT M$

Erg. GUTEN TAG!

Hinweis. Mit Hilfe der Textaddition lassen sich nicht nur
Zeichenketten miteinander verbinden, sondern auch direkt
ergänzen.
Bsp. X$ = "MEYER"
     Y$ = "KARIN " + X$ + ", GARTENSTR.15"
     X$ = X$ + " KARIN, GARTENSTR.15"

                                    Ausgabe:
     PRINT X$ MEYER KARIN, GARTENSTR 15
     PRINT Y$ KARIN MEYER, GARTENSTR.15

4.4 Verzweigung

Die in 3.4 beschriebene Verzweigung (IF ... THEN, GOTO) gilt
in ihrer Wirkung unabhängig von der Art der vorkommenden
Platzhalter. In der Bedingung einer Verzweigung dürfen also
auch nichtnumerische Platzhalter(Zeichenketten) auftreten:

`IF A$="JA" THEN 5Ø`   Wirkung: Ist der Platzhalter A$ mit

den Zeichen JA belegt, wird

Die Bedingung(A$="JA")   als nächstes der Befehl mit

und die Zeilennummer(5Ø)   Zeilennummer 5Ø ausgeführt,

sind natürlich frei ver-   sonst der auf IF...THEN

fügbar.   folgende BASIC-Befehl.

Wichtig für zahlreiche Anwendungen ist die Möglichkeit, als
Bedingungen in einem Verzweigungs-Befehl auch die Anordnung
von Texten zu verwenden(s. 4.1 Zeichenketten)

`IF A$<B$ THEN 8Ø`   Wirkung: Steht die Zeichenkette A$

lexikographisch __vor__ der

Zeichenkette B$, so wird als

nächster Befehl der mit Zei-

lennummer 8Ø ausgeführt, sonst

der auf IF...THEN folgende

BASIC-Befehl.

`IF X$>Y$ THEN 3Ø`   Wirkung: Steht die Zeichenkette X$

lexikographisch __hinter__ der

Zeichenkette Y$, so wird als

nächster Befehl der mit Zei-

lennummer 3Ø ausgeführt, sonst

der auf IF...THEN folgende

BASIC-Befehl.

Im folgenden Abschn. __4.5 Verarbeitung__ wird dargelegt, daß
diese Abfragen der lexikographischen Anordnung nicht nur mit
der gesamten Zeichenkette eines nichtnumerischen Platzhalters,
sondern auch mit __Teilen__ einer Zeichenkette möglich sind. Man
hat dann die Verzweigungs-Befehle mit den Teilen solcher Zeichenketten zur Verfügung.

4.5 Verarbeitung

BASIC erlaubt es, Zeichenketten nicht nur als Ganzes zu verarbeiten. Im folgenden lernen Sie die wichtigsten Möglichkeiten der "Verarbeitung" von Zeichenketten kennen.

Länge einer Zeichenkette

    I = LEN(A$)

Bsp. A$="HANS-OTTO"
     ergibt I = 9

Wirkung: Die Anzahl der Zeichen des
Platzhalters A$ wird bestimmt
und als Länge(engl. length)
auf I als Zahl übertragen.

Zahlwert einer Zeichenkette

    Z = VAL(A$)

Bsp. A$="-123.5" A$="ABC"
     ergibt Z=-123.5
     bzw.
     ergibt Z=Ø

Wirkung: Läßt sich die Zeichenkette A$
als Zahlwert (engl. value)
auffassen, so wird dieser
Wert auf Z übertragen, sonst
wird Z gleich Null gesetzt.

Zeichenkette zu einem Zahlwert

    A$ = STR$(Z)

Wirkung: Der Zahlwert von Z wird in
eine Zeichenkette(eng. string)
umgewandelt und A$ zugeordnet.

Linker/rechter Teil einer Zeichenkette

    X$ = LEFT$(A$,N)

    Y$ = RIGHT$(B$,M)

Wirkung: Die N "linken" (engl. left)
Zeichen der Zeichenkette A$
werden auf dem Platzhalter X$
abgelegt. Entsprechendes gilt
für die M "rechten" Zeichen.

Bsp.

```
1ØØ A$="GUTEN TAG"
11Ø FOR N=1 TO LEN(A$)
12Ø PRINT LEFT$(A$,N); TAB(2Ø); RIGHT$(A$,N)
13Ø NEXT N
```

```
G                   G            (Fortsetzung)
GU                  AG
GUT                 TAG          GUTEN TA          UTEN TAG
GUTE                 TAG         GUTEN TAG         GUTEN TAG
GUTEN               N TAG
GUTEN               EN TAG
GUTEN T             TEN TAG
```

Die bisherigen Möglichkeiten zur Textverarbeitung reichen
noch nicht vollständig aus. Was uns fehlt, ist der Zugriff
zu einzelnen Zeichen innerhalb einer Zeichenkette. Dazu gibt
es in BASIC einen entsprechenden Befehl.

$A\$ = MID\$(B\$,I,K)$ Wirkung: Aus der Zeichenkette $B\$$
werden K Zeichen beginnend
mit dem I.Zeichen von "links"
auf $A\$$ übertragen.

Bsp. $B\$$ ="GUTEN TAG"

$MID\$(B\$,1,5)$="GUTEN"

$MID\$(B\$,5,1)$="N"

Wir haben jetzt also ein Hilfsmittel, jedes einzelne Zeichen
einer Zeichenkette zu verarbeiten.

Beispiel.   Ergebnis

```
1ØØ A$="GUTEN TAG"
11Ø FOR N=1 TO LEN(A$)
12Ø PRINT MID$(A$,N,1);" ";
13Ø NEXT N
```

G U T E N   T A G

Hinweis. Man beachte, daß es bei den Text-Befehlen zwei ver-
schiedene Arten gibt
-Befehle, die zu einer Zeichenkette einen numerischen Wert
        angeben; in der Bezeichnung LEN, VAL kommt kein
        $\$$-Zeichen vor!
-Befehle, die als Ergebnis eine Zeichenkette ergeben; in der
        Bezeichnung STR$\$$, LEFT$\$$, RIGHT$\$$ und MID$\$$ zeigt das
        $\$$-Zeichen am Schluß den nichtnumerischen Wert an.

BASIC gestattet mit den beschriebenen Befehlen eine uneinge-
schränkte Textverarbeitung. Die Anwendung auf die klassischen
Probleme des Suchens und Sortierens von Informationen scheitert aber daran, daß wir vorläufig immer nur einzelne Platzhalter vereinbaren können. Was uns fehlt, ist die Erklärung
und Verwendung von ganzen "Listen" von Platzhaltern. Diese
sogenannten Felder werden im folgenden Abschn. 5.1 näher erläutert.

5 Erweiterung von Basic

5.1 Felder

Bei vielen Anwendungen ist es sehr zweckmässig, nicht nur mit
einzelnen Platzhaltern(Variablen) operieren zu können, sondern mehrere Platzhalter unter einem gemeinsamen Namen zu-
sammenzufassen. BASIC erlaubt, sogenannte Felder(arrays) zu
vereinbaren und unter einem gemeinsamen Namen zu verwenden.

Eindimensionale Felder

```
DIM A(1ØØ)
```

Beispiel.
```
  FOR I=1 TO 1Ø
  INPUT A(I)
  NEXT I
```

Wirkung: ES werden 101 <u>numerische</u>
Platzhalter A(Ø), A(1),...,
A(99), A(1ØØ) vereinbart.

Im Beispiel werden 10 Zahlen
für A(1) bis A(1Ø) gelesen.

```
DIM A$(1ØØ)
```

Beispiel.
```
  FOR I=1 TO 1Ø
  PRINT A$(I)
  NEXT I
```

Wirkung: Es werden 101 <u>nichtnumerische</u>
Platzhalter(Zeichenketten)
A$(Ø), A$(1),..., A$(1ØØ)
vereinbart.

Im Beispiel werden 10 Zeichenketten A$(1) bis A$(1Ø) ausgegeben.

Für spezielle Anwendungen kann es zweckmässig sein, auch
Felder mit mehreren Dimensionen zu verwenden.

Mehrdimensionale Felder

```
DIM A(1Ø,2Ø)
  FOR I=Ø TO 1Ø
  FOR K=Ø TO 2Ø
  A(I,K)=1
  NEXT I
  NEXT K
```

Wirkung: Ein zweidimensionales Feld
<u>numerischer</u> Platzhalter A(Ø,Ø)
bis A(1Ø,2Ø) mit 11x21 Elementen wird vereinbart.

Im Beispiel werden alle 231
Elemente gleich 1 gesetzt.

```
DIM X$(12,12)
```

Wirkung: Ein zweidimensionales Feld
<u>nichtnumerischer</u> Platzhalter
(Zeichenketten) X$(Ø,Ø) bis
X$(12,12) wird vereinbart.

5.2 Unterprogramme

BASIC erlaubt eine sogenannte Unterprogramm-Technik nur in
sehr beschränkter Form. Es geht dabei darum, ein bestimmtes
Programmstück, das in einem Programm <u>mehrfach</u> auftritt, nur
einmal zu vereinbaren und dann als Unterprogramm von verschiedenen Stellen des Programmes aus aufrufen zu können.

```
GOSUB 5ØØ
```

500 ......
    (BASIC-Befehle)

... RETURN

Wirkung: Es wird zum BASIC-Befehl mit
der Zeilennummer 5ØØ ver-
zweigt. Sobald ein RETURN-
Befehl auftritt, wird zum
ersten Befehl nach dem GOSUB-
Befehl zurückgekehrt.

Die Einschränkung gegenüber einer vollen Unterprogramm-
Technik besteht darin, daß im gesamten Programm die gleichen
Platzhalter gültig sind. Eine unabhängige Vereinbarung des
Unterprogrammes mit einem sogenannten Parameteraufruf läßt
BASIC nicht zu.

Beispiel.

```
100 PRINT"SUMME ZWEIER ZAHLEN"
11Ø PRINT"1.ZAHL";              3ØØ INPUT N
12Ø GOSUB 3ØØ                   31Ø IF N=INT(N) THEN 34Ø
13Ø S=N                         32Ø PRINT"GANZE ZAHLEN BITTE"
14Ø PRINT"2.ZAHL";              33Ø GOTO 3ØØ
15Ø GOSUB 3ØØ                   34Ø PRINT
16Ø T=N                         35Ø RETURN
17Ø PRINT"SUMME:";
18Ø GOSUB 3ØØ                   RUN
19Ø IF S+T=N THEN 22Ø           SUMME ZWEIER ZAHLEN
2ØØ PRINT"FALSCH."              1.ZAHL?13
21Ø GOTO 17Ø
22Ø PRINT"PRIMA!"               2.ZAHL?31
23Ø GOTO 11Ø
                                SUMME:?44

                                PRIMA!
                                1.ZAHL?
```

Um ein beliebiges BASIC-Programm als Unterprogramm verwenden
zu können, sind i.a. zwei unangenehme Maßnahmen notwendig:
1. Überschneidungen in den Zeilennummern müssen beseitigt
   werden. Dazu gibt es meist RENUMBER-Programme in BASIC.
2. Die Platzhalter müssen angepaßt oder übertragen werden.

5.3 Sprunglisten

BASIC bietet die Möglichkeit, in Abhängigkeit vom jeweiligen
Wert eines Platzhalters an einer bestimmten Stelle zu verschiedenen Stellen eines Programmes zu verzweigen. Auch dieser Befehl ist grundsätzlich unnötig, kann aber in einer Reihe
von Anwendungen sehr nützlich sein.

Seien Z_1, Z_2, ..., Z_k k Zeilennummern eines BASIC-Programms.
Dann läßt sich die Folge der BASIC-Befehle

```
IF N=1 THEN Z₁
IF N=2 THEN Z₂
........
IF N=K THEN Zₖ
```

ersetzen durch

$$\boxed{\text{ON N GOTO } Z_1, Z_2, \ldots, Z_k}$$

Beispiel.

```
1ØØ ON I GOTO 2ØØ,3ØØ,4ØØ
...
2ØØ PRINT"DU HAST GEWONNEN!"
21Ø GOTO 11Ø
3ØØ PRINT"DU VERLIERST LEIDER."
31Ø GOTO 11Ø
4ØØ PRINT"UNENTSCHIEDEN!"
41Ø GOTO 11Ø
```

In Abhängigkeit von I=1,2,3
kann mit Hilfe dieses Aus-
schnittes aus einem BASIC-
Programm mit Hilfe einer
Sprungliste bei 1ØØ ein
Spielausgang kommentiert
werden.

Hinweis. Eine Sprungliste kann außer mit dem unbedingten
Sprungbefehl GOTO auch mit dem Unterprogramm-Aufruf
GOSUB gebildet werden:

$$\boxed{\text{ON N GOSUB } Z_1, Z_2, \ldots, Z_k}$$

Beachten Sie die Fehler-Möglichkeiten, falls der
Sprungparameter inkorrekt gesetzt wird, so daß in
der Sprungliste keine zugehörige Zeilennummer existiert. Einige BASIC-Systeme verzichten hier auf eine
Fehlerabfrage, d.h. das Programm läuft scheinbar
korrekt weiter ab.

5.4 Funktionen

BASIC erlaubt es, Funktionen für eine Variable(Platzhalter)
zu vereinbaren und diese Funktionen wie Platzhalter zu verwenden.

```
DEF FN A(X)= (arithmetischer Ausdruck)
```

Wirkung: Unter dem Namen FN A wird eine Funktion durch die
         "rechte" Seite(arithmetischer Ausdruck) definiert.

Bsp. DEF FN F(X)= X*X + 7*X - 9

Jede so definierte Funktion kann als numerischer Zahlwert
eingesetzt werden. Das Argument der Funktion kann dabei eine
Konstante oder ein Platzhalter bzw. ein arithmetischer Ausdruck sein

Beispiel.

```
100 DEF FN P(X)= X*X+7*X-9     |  RUN
110 PRINT FN P(1)             |  -1
120 PRINT FN P(2*FN P(3))     |  2049
130 Y=FN P(1):PRINT           |
140 PRINT FN P(Y+2)*FN P(0)   |  9
150 PRINT FN P(FN P(0)+1)     |  -1
```

Hinweise.

Es ist zulässig,eine Funktion in der Definition einer anderen Funktion zu verwenden. Auch ist es möglich, Platzhalter außer dem Funktionsargument in der Definition zu
verwenden: Bsp. DEF FN F(X)=A*X*X+B*X+C
Funktionen dürfen innerhalb eines Programmes unter dem
gleichen Namen auch mehrfach definiert werden. Es ist dann
stets die zeitlich letzte Definition gültig.

Bsp. DEF FN P(X) = X*X+7*X-9

     ....

     DEF FN P(X) = FN P(X) + 5*X*X+X*X*X

5.5 Logisches

BASIC erlaubt es, Platzhalter mit Wahrheitswerten zu belegen
und solche Platzhalter "logisch" miteinander zu verknüpfen.
Damit lassen sich die Bedingungen in Verzweigungs-Befehlen
häufig einfacher formulieren.

| $A=X=1$ | Wirkung: Hat der Platzhalter X den |

$B=Y<>\emptyset$

Wert 1, so wird $A\neq\emptyset$ (wahr)
gesetzt, sonst wird $A=\emptyset$
(falsch) gesetzt.

| $C=A$ AND B | Wirkung: Ist A und B <u>wahr</u>($A\neq0$ und $B\neq\emptyset$), |

so wird $C\neq\emptyset$ (wahr) gesetzt,
sonst ist $C=\emptyset$ (falsch).

| $C=A$ OR B | Wirkung: Ist A und B <u>falsch</u>($A=\emptyset$ und |

$B=\emptyset$), so wird $C=\emptyset$(falsch)
gesetzt, sonst ist $C\neq\emptyset$ (wahr).

| $C=$ NOT A | Wirkung: Ist A <u>falsch</u>($A=\emptyset$), so wird |

$C\neq\emptyset$ (wahr) gesetzt, sonst
umgekehrt.

Die drei logischen Verknüpfungen beschreiben die Konjunktion
(logisches UND), die Disjunktion(logisches ODER) und die
Negation(logisches NICHT).

Beispiel.

```
IF A=1 THEN 300            läßt sich ersetzen durch
IF B>A THEN 300        }   IF A=1 OR B>A THEN 300

IF A=1 THEN 300
...                    }   IF A=1 AND B>A THEN 500
300 IF B>A THEN 500
```

Bei logischen Verknüpfungen von Aussagen dürfen auch nichtnumerische Platzhalter(Zeichenketten) verwendet werden.

```
IF A$="JA" AND B=0 THEN 1000
```

Hinweis. Ein in BASIC verwendeter "Name" kann also nebenein-
ander folgende verschiedene Bedeutungen haben:
z.B.   numerischer Platzhalter A, Zeichenkette A$,
          numerisches Feld A(I), Zeichenketten-Feld A$(I).

```
BASIC BASIC BASIC BASIC BASIC
ASIC BASIC BASIC BASIC BASIC B
SIC BASIC BASIC BASIC BASIC BA
IC BASIC BASIC BASIC BASIC BAS
C BASIC BASIC BASIC BASIC BASI
 BASIC BASIC BASIC BASIC BASIC
BASIC BASIC BASIC BASIC BASIC
ASIC BASIC BASIC BASIC BASIC B
SIC BASIC BASIC BASIC BASIC BA
IC BASIC BASIC BASIC BASIC BAS
C BASIC BASIC BASIC BASIC BASI
 BASIC BASIC BASIC BASIC BASIC
BASIC BASIC BASIC BASIC BASIC
ASIC BASIC BASIC BASIC BASIC B
SIC BASIC BASIC BASIC BASIC BA
IC BASIC BASIC BASIC BASIC BAS
C BASIC BASIC BASIC BASIC BASI
 BASIC BASIC BASIC BASIC BASIC
BASIC BASIC BASIC BASIC BASIC
ASIC BASIC BASIC BASIC BASIC B
SIC BASIC BASIC BASIC BASIC BA
IC BASIC BASIC BASIC BASIC BAS
C BASIC BASIC BASIC BASIC BASI
 BASIC BASIC BASIC BASIC BASIC
BASIC BASIC BASIC BASIC BASIC
ASIC BASIC BASIC BASIC BASIC B
SIC BASIC BASIC BASIC BASIC BA
IC BASIC BASIC BASIC BASIC BAS
C BASIC BASIC BASIC BASIC BASI
 BASIC BASIC BASIC BASIC BASIC
BASIC BASIC BASIC BASIC BASIC
ASIC BASIC BASIC BASIC BASIC B
SIC BASIC BASIC BASIC BASIC BA
IC BASIC BASIC BASIC BASIC BAS
C BASIC BASIC BASIC BASIC BASI
 BASIC BASIC BASIC BASIC BASIC
BASIC BASIC BASIC BASIC BASIC
ASIC BASIC BASIC BASIC BASIC B
SIC BASIC BASIC BASIC BASIC BA
IC BASIC BASIC BASIC BASIC BAS
C BASIC BASIC BASIC BASIC BASI
 BASIC BASIC BASIC BASIC BASIC
```

6   100 Basic - Beispiele

Die nachfolgende Programm-Sammlung stellt nur einen kleinen
Ausschnitt aus den Anwendungsmöglichkeiten der elementaren
Programmiersprache BASIC dar. Es wurden durchweg "echte" Anwendungen gewählt, d.h. formale Beispiele zur Demonstration
von BASIC-Befehlen wurden gemieden. Die Sammlung enthält sehr
einfache Programme entsprechend der elementaren Problemstel-
lung und anspruchsvolle Programm-Lösungen bis hin zur Simulation einer Mondlandung und der "rekursiven" Struktur für die
Türme von Hanoi.

Die angegebenen Beispiele sollen einerseits einen Grundstock
von Programmen zu einzelnen Problemkreisen als auch Anregung
für die eigene Programmierung sein. Die einfache Übernahme
von Programmen etwa bei Spielen kann sinnvoll sein, wenn man
sich Gedanken über eine Spielstrategie machen will. In der
Regel sollte man jedoch versuchen, das hinter dem Programm
stehende Verfahren zu verstehen und zu eigenen (besseren)
Programmlösungen zu kommen.

Auf sogenannte "Programmiertricks" konnte nicht ganz verzichtet werden. Wo es möglich war, wurde jedoch eine "einfache"
Lösung angestrebt. Bei komplizierteren Verfahren mußte wegen
der Länge der Programme auch manchmal eine kompliziertere
Programmierung verwendet werden. Man setze seinen Ehrgeiz
dagegen nicht für das "Einsparen" von Befehlen ein; die aus-
führlichen und damit längeren Programme sind auf die Dauer
meist effektiver.

Die Sammlung ist in drei Gruppen eingeteilt. In der Gruppe
6.1 Schulbeispiele findet man bekannte mathematische Aufgaben-
stellungen aus dem Schulbereich, die sich jedoch nicht auf den
Gymnasialbereich beschränken. Die 2.Gruppe Spiele und Simulationen führt in den Bereich nichtnumerischer Aufgaben ein.
Neben einer Reihe von Spielen werden physikalische Abläufe
simuliert. In der letzten Gruppe findet man neben kaufmän-
nischen und statitischen Anwendungen Sortierprogramme und
weitere Simulationsbeispiele.

<u>Beispiel</u> 0. Die Teilung der Erde(Schiller)

<u>Problem/Beschreibung</u>. Das Gedicht "Die Teilung der Erde" von Friedrich Schiller soll durch ein BASIC-Programm "gedruckt" werden.

<u>Verfahren</u>. Die Zeilen des Gedichtes werden als PRINT-Befehle geschrieben. Eine weitere Möglichkeit wäre die zeilenweise Vereinbarung als DATA-Anweisung und Ausgabe mit READ und PRINT in einer Schleife.

```
00  DIE TEILUNG DER ERDE(SCHILLER)

NEHMT HIN DIE WELT! RIEF ZEUS VON SEINEN HOEHEN
DEN MENSCHEN ZU. NEHMT, SIE SOLL EUER SEIN!
EUCH SCHENK ICH SIE ZUM ERB UND EW'GEN LEHEN-
DOCH TEILT EUCH BRUEDERLICH DAREIN!

DA EILT, WAS HAENDE HAT, SICH EINZURICHTEN,
ES REGTE SICH GESCHAEFTIG JUNG UND ALT.
DER ACKERMANN GRIFF NACH DES FELDES FRUECHTEN,
DER JUNKER BIRSCHTE DURCH DEN WALD.

DER KAUFMANN NIMMT, WAS SEINE SPEICHER FASSEN,
DER ABT WAEHLT SICH DEN EDLEN FIRNEWEIN,
DER KOENIG SPERRT DIE BRUECKEN UND DIE STRASSEN
UND SPRACH: DER ZEHENTE IST MEIN.

GANZ SPAET, NACHDEM DIE TEILUNG LAENGST GESCHEHEN,
NAHT DER POET, ER KAM AUS WEITER FERN-
ACH! DA WAR UEBERALL NICHTS MEHR ZU SEHEN,
UND ALLES HATTE SEINEN HERRN!

WEH MIR! SO SOLL DENN ICH ALLEIN VON ALLEN
VERGESSEN SEIN, ICH, DEIN GETREUSTER SOHN?
SO LIESS ER LAUT DER KLAGE RUF ERSCHALLEN
UND WARF SICH HIN VOR JOVIS THRON.

WENN DU IM LAND DER TRAEUME DICH VERWEILET,
VERSETZT DER GOTT, SO HADRE NICHT MIT MIR.
WO WARST DU DENN, ALS MAN DIE WELT GETEILET?
ICH WAR, SPRACH DER POET, BEI DIR.

MEIN AUGE HING AN DEINEM ANGESICHTE,
AN DEINES HIMMELS HARMONIE MEIN OHR-
VERZEIH DEM GEISTE, DER, VON DEINEM LICHTE
BERAUSCHT, DAS IRDISCHE VERLOR!

WAS TUN ? SPRICHT ZEUS; DIE WELT IST WEGGEGEBEN,
DER HERBST,DIE JAGD,DER MARKT IST NICHT MEHR MEIN.
WILLST DU IN MEINEM HIMMEL MIT MIR LEBEN-
SO OFT DU KOMMST, ER SOLL DIR OFFEN SEIN.
```

```
10    PRINT "00   DIE TEILUNG DER ERDE(SCHILLER)"
20    PRINT
30    PRINT "NEHMT HIN DIE WELT! RIEF ZEUS VON SEINEN HOEHEN"
40    PRINT "DEN MENSCHEN ZU. NEHMT, SIE SOLL EUER SEIN!"
50    PRINT "EUCH SCHENK ICH SIE ZUM ERB UND EW'GEN LEHEN-"
60    PRINT "DOCH TEILT EUCH BRUEDERLICH DAREIN!"
70    PRINT
80    PRINT "DA EILT, WAS HAENDE HAT, SICH EINZURICHTEN,"
90    PRINT "ES REGTE SICH GESCHAEFTIG JUNG UND ALT."
100   PRINT "DER ACKERMANN GRIFF NACH DES FELDES FRUECHTEN,"
110   PRINT "DER JUNKER BIRSCHTE DURCH DEN WALD."
120   PRINT
130   PRINT "DER KAUFMANN NIMMT, WAS SEINE SPEICHER FASSEN,"
140   PRINT "DER ABT WAEHLT SICH DEN EDLEN FIRNEWEIN,"
150   PRINT "DER KOENIG SPERRT DIE BRUECKEN UND DIE STRASSEN"
160   PRINT "UND SPRACH: DER ZEHENTE IST MEIN."
170   PRINT
180   PRINT "GANZ SPAET, NACHDEM DIE TEILUNG LAENGST GESCHEHEN,"
190   PRINT "NAHT DER POET, ER KAM AUS WEITER FERN-"
200   PRINT "ACH! DA WAR UEBERALL NICHTS MEHR ZU SEHEN,"
210   PRINT "UND ALLES HATTE SEINEN HERRN!"
220   PRINT
230   PRINT "WEH MIR! SO SOLL DENN ICH ALLEIN VON ALLEN"
240   PRINT "VERGESSEN SEIN, ICH, DEIN GETREUSTER SOHN?"
250   PRINT "SO LIESS ER LAUT DER KLAGE RUF ERSCHALLEN"
260   PRINT "UND WARF SICH HIN VOR JOVIS THRON."
270   PRINT
280   PRINT "WENN DU IM LAND DER TRAEUME DICH VERWEILET,"
290   PRINT "VERSETZT DER GOTT, SO HADRE NICHT MIT MIR."
300   PRINT "WO WARST DU DENN, ALS MAN DIE WELT GETEILET?"
310   PRINT "ICH WAR, SPRACH DER POET, BEI DIR."
320   PRINT
330   PRINT "MEIN AUGE HING AN DEINEM ANGESICHTE,"
340   PRINT "AN DEINES HIMMELS HARMONIE MEIN OHR-"
350   PRINT "VERZEIH DEM GEISTE, DER, VON DEINEM LICHTE"
360   PRINT "BERAUSCHT, DAS IRDISCHE VERLOR!"
370   PRINT
380   PRINT "WAS TUN ? SPRICHT ZEUS; DIE WELT IST WEGGEGEBEN,"
390   PRINT "DER HERBST,DIE JAGD,DER MARKT IST NICHT MEHR MEIN."
400   PRINT "WILLST DU IN MEINEM HIMMEL MIT MIR LEBEN-"
410   PRINT "SO OFT DU KOMMST, ER SOLL DIR OFFEN SEIN."
420   PRINT
430   END
```

<u>Hinweise zur praktischen Verwendung der BASIC-Beispiele</u>.
Die behandelten Probleme sind zu Themenkreisen geordnet, sie
werden jedoch unabhängig voneinander beschrieben.
Alle Beispiele haben den gleichen formalen Aufbau. Zunächst
wird das behandelte <u>Problem</u> formuliert. Anschließend wird das
verwendete <u>Lösungsverfahren</u> und seine Umsetzung in das BASIC-
Programm kurz beschrieben. Eine ausführliche fachliche Behand-
lung war bei der Vielzahl der Beispiele nicht möglich, dazu
muß der Leser auf die einschlägige Fachliteratur zurückgreifen.
Bei vielen Beispielen wurden noch kurze <u>Hinweise</u> auf einzelne
Besonderheiten gegeben. Die Beschreibungen enden mit einer
<u>Aufgabe</u> zum jeweiligen BASIC-Programm.
Neben dem <u>BASIC-Programm</u> wird stets ein <u>Testbeispiel</u> angegeben.
Damit soll dem Leser ein kurzer Formaltest ermöglicht werden.
Ausführliche Tests sollte der Leser dann selbst ausführen. In
einigen Fällen sind zusätzlich <u>Flußdiagramme</u> angegeben.

Alle BASIC-Programme können ohne Papierdrucker oder Extern-
Speicher eingesetzt werden. Bis auf wenige Ausnahmen(GET,HOME)
wurden nur Standard-Befehle verwendet. Semikola <u>innerhalb</u> von
PRINT-Befehlen wurden meist weggelassen, in einigen BASIC-
Versionen müssen diese ggf. wieder eingefügt werden. Man be-
achte auch, daß der verwendete Drucker "reine" PRINT-Befehle
i.a. unterdrückt hat. Testbeispiele, die wegen der RND-Funktion
nicht direkt reproduzierbar sind, wurden mit einem (!) gekenn-
zeichnet. Steuerbefehle sind nicht protokolliert.
Viele der Programme sind "endlos" angelegt, d.h. nach einem
Durchlauf kehrt das Programm selbstätig an den Anfang zurück
und beginnt einen neuen Durchlauf. Damit wird ein wiederholtes
Starten von Hand -z.B. bei Spielen- vermieden.
Der Leser wird eventuell eine ausführlichere Kommentierung der
BASIC-Programme erwarten. Darauf mußte jedoch weitgehend ver-
zichtet werden. Für etwa die Hälfte der Beispiele findet man
eine erweitere Beschreibung mit theoretischem Hintergrund in
K.MENZEL: <u>Elemente der Informatik</u>, ML-Reihe bei TEUBNER.

<u>Beispiel</u> 1. Teilbarkeit

<u>Problem/Beschreibung</u>. Für zwei beliebige natürliche Zahlen A und B wird festgestellt, ob A ein Teiler von B ist, d.h. ob der Bruch B/A ganzzahlig ist.

<u>Verfahren</u>. Nach Angabe der beiden Zahlwerte A und B wird A solange von B subtrahiert, bis entweder B = $\emptyset$ wird, d.h. es gilt: A teilt B oder B < $\emptyset$ wird, d.h. es gilt: A teilt B nicht. Wegen der "Zerstörung" von B erfolgt der Ausgabe-Befehl 7$\emptyset$ PRINT A" TEILT "B; vor der Subtraktionsschleife 8$\emptyset$ und 9$\emptyset$.

<u>Hinweis</u>. Das Subtraktionsverfahren ist i.a. zeitaufwendig. Eleganter ist der Einsatz der Standardfunktion INT(X) für die Teilbarkeitsabfrage wie in Bsp.2.

<u>Aufgabe</u> 1. Erweitern Sie das Programm so, daß im Falle der Teilbarkeit der Wert des Quotienten B/A(Gegenteiler von B bezüglich A) ausgegeben wird.

<u>Beispiel</u> 2. Teilbarkeit mit INT

<u>Problem/Beschreibung</u>. Für zwei beliebige natürliche Zahlen A und B wird festgestellt, ob A ein Teiler von B ist, d.h. ob der Bruch B/A ganzzahlig ist.

<u>Verfahren</u>. Nach Angabe der Zahlwerte A und B wird mit der Standardfunktion INT(X) festgestellt, ob der Quotient B/A gleich dem <u>ganzzahligen</u> Anteil der Division B/A ist. Die Teilbarkeitseigenschaft läßt sich dabei mit Hilfe der INT-Funktion(s. 2.4.) direkt durch die Anweisung

     7$\emptyset$ IF B/A = INT(B/A) THEN 1$\emptyset\emptyset$

entscheiden.

<u>Hinweis</u>. Beachten Sie den Unterschied der PRINT-Anweisung
  6$\emptyset$ PRINT "IST "B"/"A" GANZZAHLIG?" gegenüber Beispiel 1
   3$\emptyset$ PRINT "TEILT A DIE ZAHL B?" . Im letzten Falle wird A und B als Buchstabe(Text), im ersteren Falle als Wert(Zahl) ausgegeben.

<u>Aufgabe</u> 2. Erweitern Sie das Programm so, daß neben der Teilbarkeit B/A auch die Ganzzahligkeit von A/B geprüft wird.

```
10   PRINT "01   TEILBARKEIT"
20   PRINT
30   PRINT "TEILT A DIE ZAHL B?"
40   PRINT "WELCHE ZAHLEN A,B";
50   INPUT A,B
60   PRINT
70   PRINT A" TEILT "B;
80 B = B - A
90   IF B > 0 THEN 80
100  IF B = 0 THEN 20
110  PRINT " NICHT!"
120  GOTO 20
130  END
```

```
01   TEILBARKEIT
TEILT A DIE ZAHL B?
WELCHE ZAHLEN A,B?123,456789
123 TEILT 456789 NICHT!
```

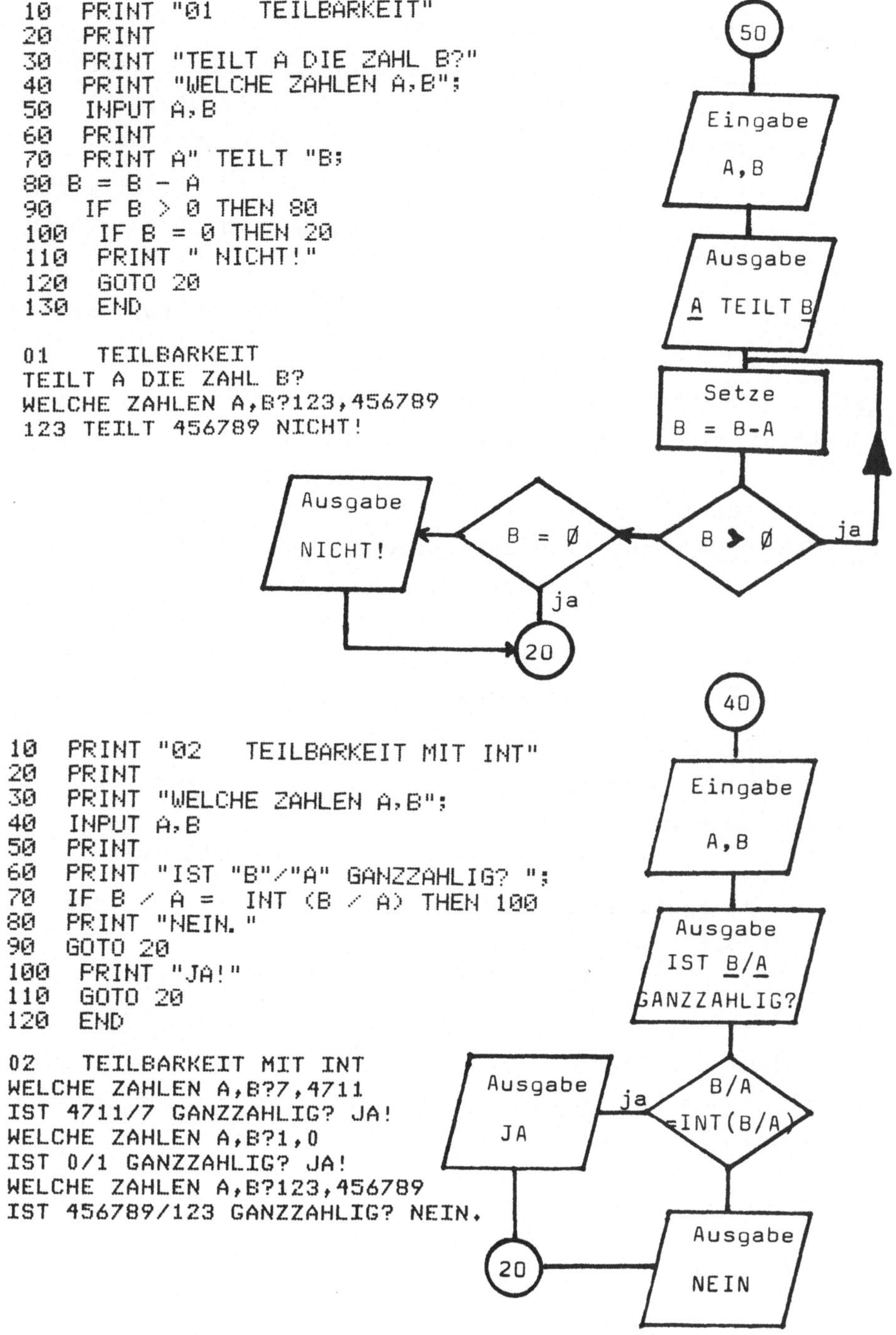


```
10   PRINT "02   TEILBARKEIT MIT INT"
20   PRINT
30   PRINT "WELCHE ZAHLEN A,B";
40   INPUT A,B
50   PRINT
60   PRINT "IST "B"/"A" GANZZAHLIG? ";
70   IF B / A =  INT (B / A) THEN 100
80   PRINT "NEIN. "
90   GOTO 20
100  PRINT "JA!"
110  GOTO 20
120  END
```

```
02   TEILBARKEIT MIT INT
WELCHE ZAHLEN A,B?7,4711
IST 4711/7 GANZZAHLIG? JA!
WELCHE ZAHLEN A,B?1,0
IST 0/1 GANZZAHLIG? JA!
WELCHE ZAHLEN A,B?123,456789
IST 456789/123 GANZZAHLIG? NEIN.
```

<u>Beispiel</u> 3. Division mit Rest

<u>Problem/Beschreibung</u>. Für zwei beliebige natürliche Zahlen
A und B wird der ganzzahlige Quotient Q und der Divisionsrest
R aus der eindeutigen Darstellung B = A*Q + R bestimmt.

<u>Verfahren</u>. Mit Hilfe der INT-Funktion von BASIC (s.Beispiel 2)
und der Umformung R = B - A*INT(B/A) aus Q = INT(B/A) werden
Q und R bestimmt.

<u>Hinweis</u>. Das Verfahren liefert im Programm 3 auch für negative
A oder B korrekte Ergebnisse.

<u>Aufgabe</u> 3. Ersetzen Sie in Programm 3 die INT-Funktion durch
das Subtraktions-/Additionsverfahren aus Beispiel 1.

<u>Beispiel</u> 4. Runden von Zahlen

<u>Problem/Beschreibung</u>. Eine beliebige Zahl soll auf N Stellen
nach dem Komma gerundet werden. Die N-te Stelle nach dem Komma
ist um 1 zu erhöhen, falls die N+1.Ziffer nach dem Komma grös-
ser als 4 ist, sonst um 1 zu erniedrigen.
Beispiel. 5.245 auf 2 Nachkommastellen gerundet ist 5.25 .

<u>Verfahren</u>. Mit Hilfe der INT-Funktion von BASIC ist die ge-
forderte Rundung direkt möglich, in dem man folgende Zuweisung
vornimmt: X = INT(1Ø^N * X + Ø.5)/1Ø^N
Beispiel. 5.25= INT(1ØØ*5.245+ Ø.5)/1ØØ =INT(525)/1ØØ

<u>Hinweis</u>. Für negatives N wird die Rundung korrekt auf die
Stellen vor dem Komma ausgedehnt.
Beispiel. Für N=-1 wird 5.245 richtig auf 1Ø gerundet

<u>Aufgabe</u> 4. Schreiben Sie ein BASIC-Programm, daß zu einer be-
liebigen Zahl die Rundungsgrenzen bestimmt, wenn die Anzahl N
der Stellen nach dem Komma gegeben ist (Umkehrung des Rundungs-
problems.Beispiel: X=5.25, N=2 ergibt 5.245 $\leq$Y< 5.255).

```
10   PRINT "03    DIVISION MIT REST"
20   PRINT
30   PRINT "WELCHE ZAHLEN A,B";
40   INPUT A,B
50   PRINT
60 Q =  INT (B / A)
70 R = B - A * Q
80   PRINT "ES IST "B"="A"*"Q;
90   IF R = 0 THEN 110
100   PRINT "+"R
110   PRINT
120   GOTO 20
130   END
```

```
03    DIVISION MIT REST
WELCHE ZAHLEN A,B?123,456789
ES IST  456789=123*3713+90
WELCHE ZAHLEN A,B?456789,123
ES IST  123=456789*0+123
WELCHE ZAHLEN A,B?7,4711
ES IST  4711=7*673
```

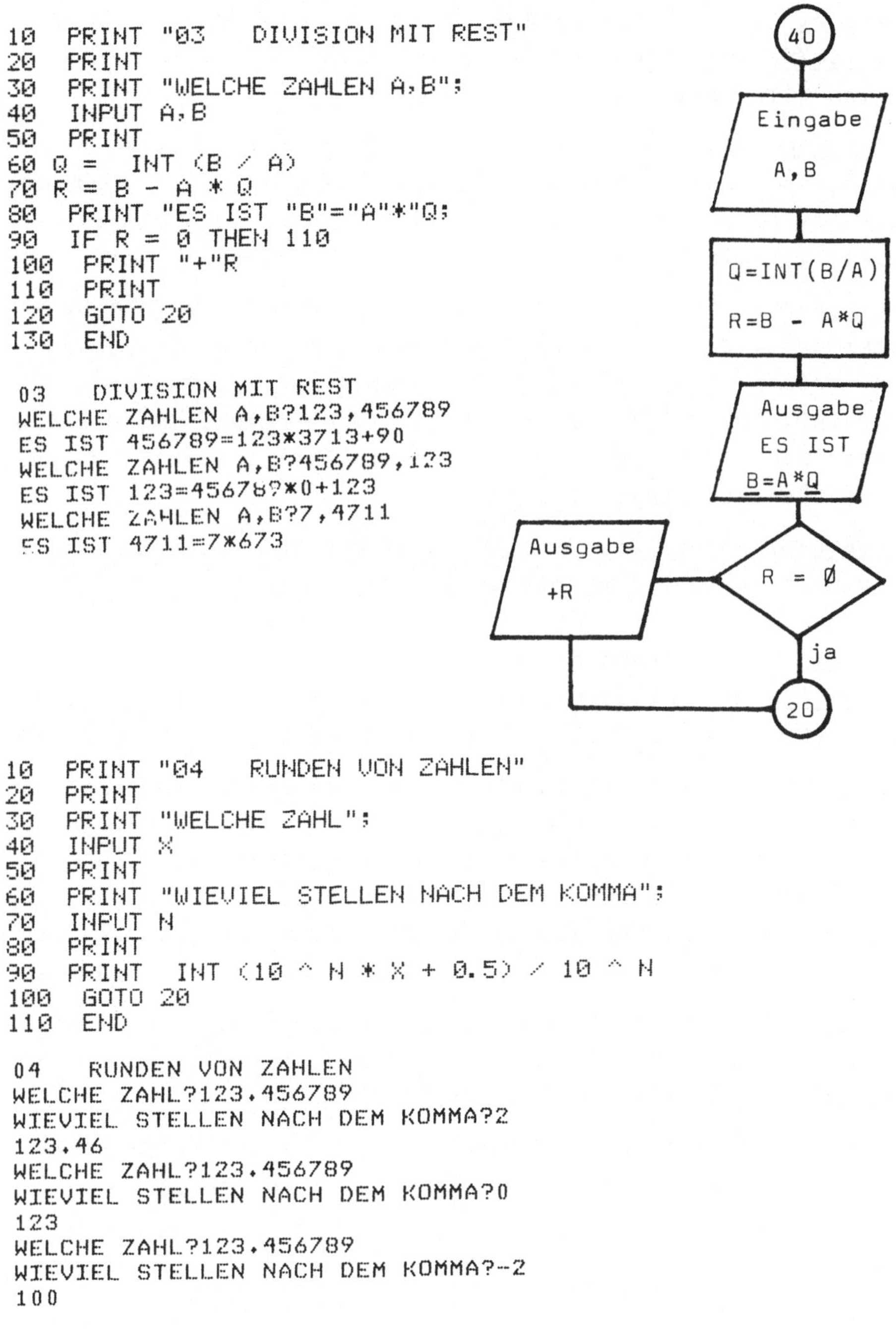


```
10   PRINT "04    RUNDEN VON ZAHLEN"
20   PRINT
30   PRINT "WELCHE ZAHL";
40   INPUT X
50   PRINT
60   PRINT "WIEVIEL STELLEN NACH DEM KOMMA";
70   INPUT N
80   PRINT
90   PRINT  INT (10 ^ N * X + 0.5) / 10 ^ N
100   GOTO 20
110   END
```

```
04    RUNDEN VON ZAHLEN
WELCHE ZAHL?123.456789
WIEVIEL STELLEN NACH DEM KOMMA?2
123.46
WELCHE ZAHL?123.456789
WIEVIEL STELLEN NACH DEM KOMMA?0
123
WELCHE ZAHL?123.456789
WIEVIEL STELLEN NACH DEM KOMMA?-2
100
```

<u>Beispiel</u> 5. Teiler einer Zahl

<u>Problem/Beschreibung</u>. Für eine beliebige natürliche Zahl N
sollen alle Teiler bestimmt werden.

<u>Verfahren</u>. Mit T=1 beginnend werden fortlaufend alle Testtei-
ler T als Teiler von N ausprobiert, bis T > N/T wird. So werden
alle Teiler von N mindestens einmal erfaßt, wenn mit einem
Teiler T zugleich der Gegenteiler N/T ausgegeben wird.

<u>Hinweis</u>. Die Schleifenbedingung 12Ø IF T * T<= N THEN 9Ø
verhindert, daß die Paare T,N/T doppelt ausgegeben werden.
Für große N bedeutet sie einen erheblichen Zeitgewinn.
Beispiel. Für N=1ØØ wird nur bis T=1Ø getestet. Für die Quadratzahlen wie N=1ØØ wird jedoch ein Teiler (T=N/T) doppelt
ausgegeben(s.Beispiel 6).

<u>Aufgabe</u> 5. Ändern Sie Programm 5 so ab, daß für ungerades N
gerade Testteiler T vermieden werden.

<u>Beispiel</u> 6. Teilermenge einer Zahl

<u>Problem/Beschreibung</u>. Für eine beliebige natürliche Zahl N
soll die Menge der Teiler bestimmt werden.

<u>Verfahren</u>. Die Teiler/Gegenteiler werden wie in Beispiel 5
bestimmt. Um im Falle einer Quadratzahl N, d.h. Eintreten des
Falles T=N/T die doppelte Ausgabe eines Teilers zu vermeiden,
wird dieser Fall durch 15Ø IF T*T<> N THEN 2ØØ am Ende der
Teilerschleife abgefragt. Neben der Angabe der Quadratzahl-
eigenschaft wird noch die Anzahl der Teiler von N angegeben.

<u>Hinweis</u>. Aus der Paarbildung Teiler/Gegenteiler wird deutlich,
daß alle natürlichen Zahlen außer den Quadratzahlen eine gerade Anzahl von Teilern besitzt.

<u>Aufgabe</u> 6. Ändern Sie Programm 6 so ab, daß im Falle einer
Primzahl N diese Eigenschaft mit ausgegeben wird.

```
10   PRINT "05   TEILER EINER ZAHL"
20   PRINT
30   PRINT "WELCHE ZAHL";
40   INPUT N
50   PRINT
60   PRINT "DIE TEILER/GEGENTEILER SIND:"
70   PRINT
80 T = 1
90   IF N <  > T *  INT (N / T) THEN 110
100   PRINT T,N / T
110 T = T + 1
120   IF T * T <  = N THEN 90
130   END
```

```
05    TEILER EINER ZAHL
WELCHE ZAHL?4711
DIE TEILER/GEGENTEILER SIND:
1                 4711
7                 673
```

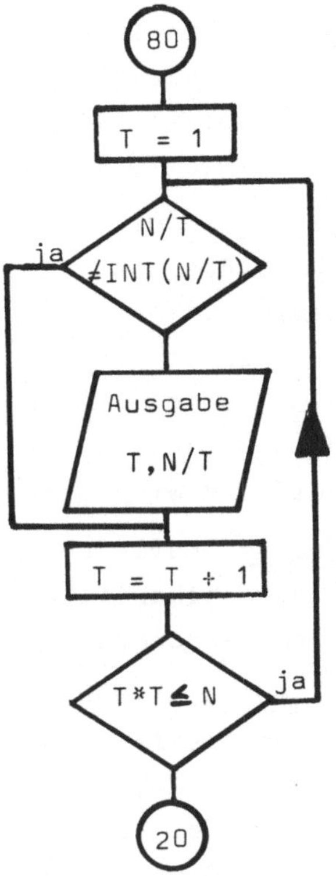

```
10   PRINT "06  TEILERMENGE EINER ZAHL"
20   PRINT
30   PRINT "WELCHE ZAHL";
40   INPUT N
50   PRINT
60   PRINT "DIE TEILER/GEGENTEILER SIND:"
70   PRINT
80 T = 1
90 I = 0
100   IF N <  > T *  INT (N / T) THEN 130
110   PRINT T,N / T
120 I = I + 2
130 T = T + 1
140   IF T * T < N THEN 100
150   IF T * T <  > N THEN 200
160   PRINT  TAB( 8)T
170 I = I + 1
180   PRINT
190   PRINT N" IST EINE QUADRATZAHL!"
200   PRINT
210   PRINT N" HAT "I" TEILER"
220   END
```

```
06   TEILERMENGE EINER ZAHL
WELCHE ZAHL?100
DIE TEILER/GEGENTEILER SIND:
1                 100
2                 50
4                 25
5                 20
        10
100 IST EINE QUADRATZAHL!
100 HAT 9 TEILER
```

<u>Beispiel</u> 7. Ist N eine Primzahl?

<u>Problem/Beschreibung</u>. Für eine beliebige natürliche Zahl N soll festgestellt werden, ob sie eine Primzahl ist, d.h. genau zwei Teiler besitzt.

<u>Verfahren</u>. Um festzustellen, ob N außer 1 und N einen anderen Teiler besitzt, wird mit T=2 beginnend auf Teilbarkeit solange getestet, bis $T*T > N$ wird. Ist bis dahin kein weiterer Teiler aufgetaucht, so kann abgebrochen werden, da ein Teiler T mit $T*T > N$ einen Gegenteiler N/T mit $N/T < T$ haben müßte. Man muß dabei jedoch die beiden Sonderfälle N=1 (keine Primzahl) und N=2 (gerade Primzahl) gesondert behandeln.

<u>Hinweis</u>. Kürze und Übersichtlichkeit des Programms 7 werden dadurch erkauft, daß außer T=2 auch weitere gerade Teiler getestet werden, obwohl dies ja unnötig ist.

<u>Aufgabe</u> 7. Ändern Sie Programm 7 so ab, daß außer T=2 keine geraden Teiler T getestet werden.

<u>Beispiel</u> 8. Primzahlen von M bis N

<u>Problem/Beschreibung</u>. Alle Primzahlen, die im Abschnitt der natürlichen Zahlen M bis N liegen, sollen bestimmt werden.

<u>Verfahren</u>. Die Zahlen von M bis N werden auf Teilbarkeit bezüglich T=2 und alle ungeraden T bis zur Abbruchbedingung 11Ø IF $T*T > I$ THEN 14Ø getestet. Für M=1 muß der Sonderfall der geraden Primzahl 2 direkt behandelt werden.

<u>Hinweis</u>. Die Abbruchbedingung 11Ø IF $T*T > I$ THEN 14Ø führt bei größeren Abschnitten zu einer erheblichen Zeitersparnis. Testen Sie diesen Effekt, in dem Sie 11Ø IF $T > I/2$ THEN 14Ø setzen.

<u>Aufgabe</u> 8. Ändern Sie Programm 8 so ab, daß der prozentuale Anteil der Primzahlen im Abschnitt von M bis N mit angegeben wird.

```
10   PRINT "07    IST N EINE PRIMZAHL?"
20   PRINT
30   INPUT "WELCHE ZAHL?";N
40   PRINT
50   IF N = 1 THEN 110
60   IF N = 2 THEN 130
70 T = 1
80 T = T + 1
90   IF T * T > N THEN 130
100   IF N < > T *  INT (N / T) THEN 80
110   PRINT N" IST KEINE PRIMZAHL"
120   GOTO 20
130   PRINT N" IST EINE PRIMZAHL!"
140   GOTO 20
150   END


07    IST N EINE PRIMZAHL?
WELCHE ZAHL?1111111
1111111 IST KEINE PRIMZAHL
WELCHE ZAHL?100049
100049 IST EINE PRIMZAHL!
WELCHE ZAHL?1049
1049 IST EINE PRIMZAHL!
```



```
10   PRINT "08    PRIMZAHLEN VON M BIS N"
20   PRINT
30   PRINT "WELCHE ZAHLEN M,N";
40   INPUT M,N
50   IF M > 2 THEN 70
60   PRINT "2",
70   FOR I = M TO N
80   IF I = 2 *  INT (I / 2) THEN 150
90 T = 1
100 T = T + 2
110   IF T * T > I THEN 140
120   IF I = T *  INT (I / T) THEN 150
130   GOTO 100
140   PRINT I,
150   NEXT I
160   END


08    PRIMZAHLEN VON M BIS N
WELCHE ZAHLEN M,N?1000,1100
1009              1013              1019
1021              1031              1033
1039              1049              1051
1061              1063              1069
1087              1091              1093
1097
```

<u>Beispiel</u> 9. Zerlegung in Primfaktoren

<u>Problem/Beschreibung</u>. Eine beliebige natürliche Zahl N soll
in ihre Primfaktoren zerlegt werden.

<u>Verfahren</u>. Mit T=2 beginnend wird die Zahl N auf die Teilbar-
keit durch T getestet. Ist T ein Teiler von N, so wird T als
Primfaktor ausgegeben. Anschließend wird N durch N/T ersetzt
und erneut auf die Teilbarkeit durch T getestet. Ist T kein
Teiler von N, so wir T um 1 erhöht. Das Verfahren wird abge-
brochen, falls entweder N=1 ist oder T*T> N geworden ist.

<u>Hinweise</u>. 1.Beachten Sie, daß die Teilbarkeitsabfrage in 7Ø
mehrfach für das gleiche T durchlaufen werden muß, da derselbe
Primfaktor T ja mehrfach in N auftreten kann.
2.Überzeugen Sie sich, daß die Abbruchbedingung T*T> N auch
dann richtig bleibt, falls das ursprüngliche N durch einen
Restfaktor N/T ersetzt wurde.

<u>Aufgabe</u> 9. Ändern Sie Programm 9 so ab, daß außer T=2 keine
geraden T als Primfaktoren getestet werden müssen.

<u>Beispiel</u> 10. Euklidischer Algorithmus

<u>Problem/Beschreibung</u>. Für zwei beliebige natürliche Zahlen
A und B soll der größte gemeinsame Teiler ggT(A,B) bestimmt
werden.

<u>Verfahren</u>. Zur Ermittlung des ggT(A,B) wird die Beziehung
ggT(A,B)=ggT(R,A) mit B = A*Q + R (Division mit Rest)
wiederholt angewendet, bis R=Ø wird. Der letzte Wert von
A ist dann der gesuchte ggT(A,B).

<u>Hinweis</u>. Der Euklidische Algorithmus ist i.a. für Schüler
nicht einsetzbar, weil der Beweis in mehreren Stufen geführt
werden muß. Im Beispiel 11 wird jedoch eine elementare Form
des Euklidischen Algorithmus verwendet, die zwar auch eines
(einfachen) Beweises bedarf, am Beispiel aber sofort klar-
gemacht werden kann.

<u>Aufgabe</u> 10. Erweitern Sie Programm 10 auf drei natürliche
Zahlen A,B,C zur Bestimmung von ggT(A,B,C).

```
10   PRINT "09   ZERLEGUNG IN PRIMFAKTOREN"
20   PRINT
30   INPUT "WELCHE ZAHL?";N
40   PRINT
50   PRINT N"=";
60 T = 2
70  IF N <  > T *  INT (N / T) THEN 110
80  PRINT T;"*";
90 N = N / T
100  GOTO 70
110  IF N = 1 THEN 20
120 T = T + 1
130  IF T * T <  = N THEN 70
140  PRINT N
150  GOTO 20
160  END
```

```
09   ZERLEGUNG IN PRIMFAKTOREN
WELCHE ZAHL?4711
4711=7*673
WELCHE ZAHL?1111111
1111111=239*4649
WELCHE ZAHL?100049
100049=100049
```

```
10   PRINT "10   EUKLIDISCHER ALGORITHMUS"
20   PRINT
30   PRINT "GGT VON A,B:"
40   INPUT "WELCHE ZAHLEN A,B?";A,B
50   PRINT
60   PRINT "GGT("A","B")=";
70 R = B - A *  INT (B / A)
80 B = A
90 A = R
100  IF R > 0 THEN 70
110  PRINT B
120  GOTO 20
130  END
```

```
10   EUKLIDISCHER ALGORITHMUS
GGT VON A,B:
WELCHE ZAHLEN A,B?7,4711
GGT(7,4711)=7
GGT VON A,B:
WELCHE ZAHLEN A,B?123,456
GGT(123,456)=3
GGT VON A,B:
WELCHE ZAHLEN A,B?456,123
GGT(456,123)=3
```

<u>Beispiel</u> 11. Größter gemeinsamer Teiler

<u>Problem/Beschreibung</u>. Für zwei beliebige natürliche Zahlen A und B soll der größte gemeinsame Teiler ggT(A,B) bestimmt werden.

<u>Verfahren</u>. Zur Ermittlung des ggT(A,B) wird die Beziehung ggT(A,B)=ggT(A,B-A) für B > A bzw. ggT(A,B)=ggT(A-B,B) für den Fall B < A solange angewendet, bis A=B eintrifft. Das Verfahren entspricht dem Euklidischen Algorithmus (Beispiel 10), wobei die Division mit Rest in eine fortgesetzte Subtraktion umgewandelt ist.

<u>Hinweis</u>. Das Programm 11 ist kürzer und elementarer als die Programmierung des Euklidischen Algorithmus in Programm 10, dafür ist es i.a. wesentlich zeitaufwendiger.

<u>Aufgabe</u> 11. Schreiben Sie ein Programm, daß zu einer natürlichen Zahl Paare (A,B) mit der Eigenschaft ggT(A,B)=N erzeugt(Umkehraufgabe).

<u>Beispiel</u> 12. Kleinstes gemeinsames Vielfaches
<u>Problem/Beschreibung</u>. Für zwei beliebige natürliche Zahlen A und B soll das kleinste gemeinsame Vielfache kgV(A,B) bestimmt werden.

<u>Verfahren</u>. Für die jeweils kleinere Zahl wird das nächste Vielfache der ursprünglich gegebenen Zahl gebildet, bis die erzeugten Vielfachen erstmals übereinstimmen(Einholungsverfahren).

<u>Hinweis</u>. Man beachte, daß ohne die Reservierung der Ursprungswerte A und B die Erzeugung der Vielfachen und damit das Ergebnis i.a. falsch sind.

<u>Aufgabe</u> 12. Erweitern Sie Programm 12 auf drei natürliche Zahlen A,B,C zur Ermittlung des kgV(A,B,C).

```
10   PRINT "11    GROESSTER GEMEINSAMER TEILER"
20   PRINT
30   PRINT "WELCHE ZAHLEN A,B";
40   INPUT A,B
50   PRINT
60   PRINT "GGT("A","B")=";
70   IF A = B THEN 130
80   IF A > B THEN 110
90 B = B - A
100  GOTO 70
110 A = A - B
120  GOTO 70
130  PRINT A
140  GOTO 20
150  END
```



```
11    GROESSTER GEMEINSAMER TEILER
WELCHE ZAHLEN A,B?7,4711
GGT(7,4711)=7
WELCHE ZAHLEN A,B?123,561741
GGT(123,561741)=123
WELCHE ZAHLEN A,B?4567,561741
GGT(4567,561741)=4567
```

```
10   PRINT "12    KLEINSTES GEMEINSAMES VIELFACHES"
20   PRINT
30   INPUT "GIB A,B AN:";A,B
40   PRINT
50   PRINT "KGV("A","B")=";
60 X = A
70 Y = B
80   IF X = Y THEN 140
90   IF X < Y THEN 120
100 Y = Y + B
110  GOTO 80
120 X = X + A
130  GOTO 80
140  PRINT X
150  GOTO 20
160  END
```



```
12    KLEINSTES GEMEINSAMES VIELFACHES
GIB A,B AN:673,4711
KGV(673,4711)=4711
GIB A,B AN:123,4567
KGV(123,4567)=561741
GIB A,B AN:4567,123
KGV(4567,123)=561741
```

<u>Beispiel</u> 13. Kürzen eines Bruches

<u>Problem/Beschreibung</u>. Ein gewöhnlicher Bruch, der durch Zähler und Nenner gegeben ist, soll mit dem größten gemeinsamen Teiler gekürzt werden.

<u>Verfahren</u>. Mit Hilfe des Euklidischen Algorithmus (s.Bsp.10) wird der größte gemeinsame Teiler A = ggT(Z,N) des Zählers Z und des Nenners N ermittelt. Anschließend wird Z/A und N/A gebildet und der gekürzte Bruch ausgegeben.

<u>Hinweis</u>. Der Fall A = ggT(Z,N) = 1 wird im BASIC-Programm nicht getrennt behandelt.

<u>Aufgabe</u> 13. Ändern Sie das BASIC-Programm so ab, daß der Fall eines bereits vollständig gekürzten Bruches ggT(Z,N)=1 getrennt angegeben wird.

<u>Beispiel</u> 14. Umwandlung in Dezimalbruch

<u>Problem/Beschreibung</u>. Ein gewöhnlicher Bruch, der durch Zähler und Nenner gegeben ist, soll in einen Dezimalbruch mit der Stellenzahl K nach dem Komma umgewandelt werden.

<u>Verfahren</u>. Zunächst wird der ganzzahlige Anteil des Bruches Z/N mit Hilfe der INT-Funktion einschließlich Dezimalpunkt angegeben. Der restliche Anteil des Zählers wird fortlaufend mit 10 multipliziert und danach wieder der ganzzahlige Anteil mit INT(Z/N) gebildet. Es wird abgebrochen, sobald entweder Z = 0 ist oder die geforderte Stellenzahl K erreicht wird.

<u>Hinweis</u>. Gegenüber der direkten Quotientenbildung Z/N hat das angegebene Verfahren den Vorteil, daß eine beliebige Stellenzahl nach dem Komma(Dezimalpunkt) erzeugt werden kann.

<u>Aufgabe</u> 14. Erweitern Sie das angebebene Programm so, daß eine einstellige Periode des erzeugten Dezimalbruches erkannt und angegeben wird.

```
10   PRINT "13    KUERZEN EINES BRUCHES"
20   PRINT
30   INPUT "ZAEHLER:";Z
40   INPUT " NENNER:";N
50   PRINT
60   PRINT Z"/"N" = ";
70   IF Z = 0 OR N = 0 THEN 20
80 A = Z
90 B = N
100 R = B -  INT (B / A) * A
110  IF R = 0 THEN 150
120 B = A
130 A = R
140  GOTO 100
150  PRINT Z / A"/"N / A;
160  PRINT "  GEKUERZT MIT "A
170  GOTO 20
180  END


13    KUERZEN EINES BRUCHES
ZAEHLER:673
 NENNER:4711
673/4711 = 1/7   GEKUERZT MIT 673
ZAEHLER:4711
 NENNER:673
4711/673 = 7/1   GEKUERZT MIT 673


10   PRINT "14    UMWANDLUNG IN DEZIMALBRUCH"
20   PRINT
30   INPUT "ZAEHLER:";Z
40   INPUT " NENNER:";N
50   INPUT "STELLEN NACH DEM KOMMA:";K
60   PRINT
70   PRINT Z"/"N" = ";
80 I = 0
90 Q =  INT (Z / N)
100  PRINT Q;
110  IF I > 0 THEN 130
120  PRINT ".";
130 I = I + 1
140 Z = 10 * (Z - Q * N)
150  IF Z = 0 OR I > K THEN 20
160  GOTO 90
170  END


14    UMWANDLUNG IN DEZIMALBRUCH
ZAEHLER:1
 NENNER:13
STELLEN NACH DEM KOMMA:12
1/13 = 0.076923076923
ZAEHLER:673
 NENNER:4711
STELLEN NACH DEM KOMMA:6
673/4711 = 0.142857
```

<u>Beispiel</u> 15. Vollkommene Zahlen von M bis N
<u>Problem/Beschreibung</u>. Es soll festgestellt werden, für welche
natürlichen Zahlen I zwischen M und N die Summe aller Teiler
von I ohne I selbst gleich der Zahl I selbst ist.

<u>Verfahren</u>. Für alle natürlichen Zahlen von M bis N werden
wie in Beispiel 6 nacheinander Teiler und Gegenteiler ermittelt. Sobald die Summe S die Zahl I übersteigt, wird zur nächsten Zahl übergegangen. Sonst wird geprüft, ob die Endsumme
aller Teiler (ohne I selbst) gleich der untersuchten Zahl I
ist.

<u>Hinweis</u>. Ein Leser aus München hat völlig zu Recht angemerkt,
daß die hier verwendete Lösung eher ein Beispiel dafür ist,
wie man den Computer nicht einsetzen sollte. Die Suche nach
vollkommenen Zahlen läßt sich erheblich beschleunigen, wenn
man zahlentheoretische Zusammenhänge beachtet (s. dazu z.B.
H.Scheid, Einführung in die Zahlentheorie, Stuttgart 1972).
In der angebenen Form hat man ein Beispiel für ein sehr zeit-
aufwendiges Programm. Man kennt kaum 20 vollkommene Zahlen!

<u>Aufgabe</u> 16. Schreiben Sie ein Programm, daß feststellt,
welche Zahlenpaare A,B zwischen M und N <u>befreundet</u> sind, d.h.
ob die Summe der echten Teiler von A gleich B und die Summe
der echten Teiler von B gleich A ist.

<u>Beispiel 16</u>. Primzahlzwillinge von M bis N
<u>Problem/Beschreibung</u>. Es soll festgestellt werden, welche
Primzahlen zwischen M und N durch genau eine gerade Zahl getrennt sind(Zahlendiffernz gleich 2).

<u>Verfahren</u>. Es werden die Primzahlen zwischen M und N wie im
Beispiel 8 nacheinander ermittelt. Für jede Primzahl wird getestet, ob sie um 2 größer ist als die vorhergehende.

<u>Hinweis</u>. Zur Zeitersparnis wird der Teiler 2 direkt getestet
und danach nur noch ungerade Teiler verwendet. Die letzte
jeweilige Primzahl wird in X gespeichert.

<u>Aufgabe</u> 16. Schreiben Sie ein Programm zur Ermittlung von
Primzahldrillingen.

```
10   PRINT "15   VOLLKOMMENE ZAHLEN VON M BIS N"
20   PRINT
30   INPUT "GIB M,N AN:";M,N
40   PRINT
50   PRINT "      GEDULD,BITTE!"
60  FOR I = M TO N
70 S = 1
80 T = 2
90  IF I <  > T *  INT (I / T) THEN 110
100 S = S + T + I / T
110  IF S > I THEN 180
120 T = T + 1
130  IF T * T < I THEN 90
140  IF T * T <  > I THEN 160
150 S = S + T
160  IF S <  > I OR I = 1 THEN 180
170  PRINT I
180  NEXT I
190  END
```

```
15   VOLLKOMMENE ZAHLEN VON M BIS N
GIB M,N AN:1,50000
        GEDULD,BITTE!
6
28
496
8128
```

```
10   PRINT "16   PRIMZAHZWILLINGE VON M BIS N"
20   PRINT
30   INPUT "GIB M,N AN:";M,N
40   FOR I = M TO N
50   IF I = 2 *  INT (I / 2) THEN 140
60 T = 1
70 T = T + 2
80   IF T * T > I THEN 110
90   IF I <  > T *  INT (I / T) THEN 70
100  GOTO 140
110  IF I < 4 OR I <  > X + 2 THEN 130
120  PRINT X;":"I,
130 X = I
140  NEXT I
150  END
```

```
16  PRIMZAHZWILLINGE VON M BIS N
GIB M,N AN:1,300
3:5             5:7             11:13
17:19           29:31           41:43
59:61           71:73           101:103
107:109         137:139         149:151
179:181         191:193         197:199
227:229         239:241         269:271
281:283
```

<u>Beispiel</u> 17. Quersumme

<u>Problem/Beschreibung</u>. Für eine beliebige natürliche Zahl N
soll die Summe ihrer Ziffern(Quersumme) gebildet werden.

<u>Verfahren</u>. Die Zahl N wird in ihre Einzelziffern zerlegt und
die Summe S der Ziffern gebildet.

<u>Hinweis</u>. Die Zahl N wird als Zeichenkette eingelesen, um eine
möglichst große Anzahl von Ziffern zu ermöglichen. Die Einzel-
zeichen werden mit Hilfe der VAL-Funktion in ihre Dezimalwerte
umgewandelt und diese aufsummiert.

<u>Aufgabe</u> 17. Erweitern Sie Programm 17 so, daß die Quersummen-
bildung mehrfach vorgenommen wird, bis die "Quersumme" ein-
stellig wird.

<u>Beispiel</u> 18. Quersummenregel

<u>Problem/Beschreibung</u>. Die Quersummenregel für die Teilbarkeit
durch 3 oder 9 soll auf eine beliebige natürliche Zahl N angewendet werden.

<u>Verfahren</u>. Die Quersumme von N wird gebildet und auf die Teil-
barkeit durch 3 bzw. 9 getestet.

<u>Hinweis</u>. Da jede durch 9 teilbare Zahl auch durch 3 teilbar
ist, kann die Teilbarkeitsabfrage für 3 bei Teilbarkeit von N
durch 9 übersprungen werden.

<u>Aufgabe</u> 18. Verwerten Sie die Lösung der Aufgabe 17 (mehrfache
Quersumme) zu einer "kürzeren" Teilbarkeitsabfrage.

```
10   PRINT "17    QUERSUMME EINER ZAHL"
15   PRINT
20   PRINT "WELCHE ZAHL N";
30   INPUT N$
35 S = 0
40   FOR I = 1 TO  LEN (N$)
50 S = S +  VAL ( MID$ (N$,I,1))
60   NEXT I
70   PRINT "DIE QUERSUMME IST ";S
80   GOTO 15
90   END


17    QUERSUMME EINER ZAHL
WELCHE ZAHL N?123456789987654321
DIE QUERSUMME IST 90




10   PRINT "18    QUERSUMMENREGEL"
20   PRINT
30   PRINT "IST N DURCH 3 ODER 9 TEILBAR?"
40   PRINT
50   INPUT "GIB N AN:";N$
70 S = 0
80   FOR I = 1 TO  LEN (N$)
90 S = S +  VAL ( MID$ (N$,I,1))
100  NEXT I
110  PRINT
120  IF S <  > 9 *  INT (S / 9) THEN 140
130  PRINT "IST DURCH 9 UND ";
140  IF S <  > 3 *  INT (S / 3) THEN 180
150  PRINT "IST DURCH 3 ";
160  PRINT "TEILBAR"
170  GOTO 40
180  PRINT "IST WEDER DURCH 3 NOCH 9 ";
190  GOTO 160
200  END




18    QUERSUMMENREGEL
IST N DURCH 3 ODER 9 TEILBAR?
GIB N AN:123456789987654321
IST DURCH 9 UND IST DURCH 3 TEILBAR
GIB N AN:3333333333333333
IST DURCH 3 TEILBAR
GIB N AN:4711
IST WEDER DURCH 3 NOCH 9 TEILBAR
```

<u>Beispiel</u> 19. Umwandlung zur Basis G

<u>Problem/Beschreibung</u>. Eine beliebige natürliche Zahl N soll in ihre Darstellung zur Basis G umgewandelt werden.

<u>Verfahren</u>. Aus der Darstellung

$$N = A_k G^k + A_{k-1} G^{k-1} + \ldots + A_1 G^1 + A_o G^o$$

werden die G-adischen Ziffern A_i durch fortgesetzte Division durch die Basis G gewonnen. Der Divisionsrest liefert mit A_o beginnend die G-adischen Ziffern. Das Verfahren bricht ab, sobald der ganzzahlige Anteil von N/G Null wird.

<u>Hinweis</u>. Um für großes N und kleine Werte von G eine ausreichende Länge der G-adischen Darstellung zu sichern, wird die G-adische Ziffernfolge als Zeichenkette aufgebaut. Außerdem wird dadurch die Ausgabe der Ziffern von links nach rechts in der Normaldarstellung möglich.

<u>Aufgabe</u> 19. Schreiben Sie ein Programm, daß die G-adische Darstellung einer natürlichen Zahl wieder in die Dezimaldarstellung umwandelt(s.Beispiel 22).

<u>Beispiel</u> 20. G-adische Darstellung

<u>Problem/Beschreibung</u>. Eine beliebige natürliche Zahl N soll in ihre G-adische Darstellung zur Basis $G \leq 16$ umgewandelt werden.

<u>Verfahren</u>. Das Verfahren verläuft analog zu Beispiel 19, wobei allerdings G-adische Ziffern A,B,C,D,E,F für eine Basis $G \geq 10$ jeweils verwendet werden. G=16 (hexadezimale Darstellung) ist die größte Basis, die eine praktische Anwendung findet.

<u>Hinweis</u>. Der Aufbau der G-adischen Darstellung erfolgt wie in Beispiel 19 als Zeichenkette, wobei wegen der "nichtnumerischen" Ziffern die STRING-Funktion aus Beispiel 19 nicht verwendbar ist.

<u>Aufgabe</u> 20. Schreiben Sie ein Programm, das die G-adischen Ziffern ohne Verwendung einer Zeichenkette in umgekehrter Reihenfolge für $G \leq 16$ bestimmt.

```
10    PRINT "19   UMWANDLUNG ZUR BASIS G"
20    PRINT
30    INPUT "GIB NAT. ZAHL N AN:";N
40 Z$ = ""
50    INPUT "GIB BASIS G AN:";G
60    PRINT N"=";
70    FOR I = 0 TO 255
80 R = N - G *  INT (N / G)
90 Z$ =  STR$ (R) + " " + Z$
100   IF N = 0 THEN 130
110 N =  INT (N / G)
120   NEXT I
130   PRINT "("Z$")"G
140   GOTO 20
150   END
```

```
19   UMWANDLUNG ZUR BASIS G
GIB NAT. ZAHL N AN:123456789
GIB BASIS G AN:12
123456789=(0  3  5  4  1  8  10  9  9  )12
GIB NAT. ZAHL N AN:4096
GIB BASIS G AN:2
4096=(0 1 0 0 0 0 0 0 0 0 0 0 0 )2
GIB NAT. ZAHL N AN:4711
GIB BASIS G AN:10
4711=(0  4  7  1  1  )10
```

```
10    PRINT "20    G-ADISCHE DARSTELLUNG"
20    PRINT
30    INPUT "GIB NAT. ZAHL N AN:";N
40 Z$ = ""
50 Y$ = "0123456789ABCDEF"
60    INPUT "GIB BASIS G<17 AN:";G
70    PRINT N"=";
80    FOR I = 0 TO 255
90 R = N - G *  INT (N / G)
100 Z$ =  MID$ (Y$,R + 1,1) + Z$
110 N =  INT (N / G)
120   IF N = 0 THEN 140
130   NEXT I
140   PRINT "("Z$")"G
150   GOTO 20
160   END
```

```
20    G-ADISCHE DARSTELLUNG
GIB NAT. ZAHL N AN:123456789
GIB BASIS G<17 AN:12
123456789=(35418A99)12
GIB NAT. ZAHL N AN:4095
GIB BASIS G<17 AN:2
4095=(111111111111)2
GIB NAT. ZAHL N AN:4711
GIB BASIS G<17 AN:10
4711=(4711)10
```

<u>Beispiel</u> 21. Umwandlung in Dezimalzahl

<u>Problem/Beschreibung</u>. Eine beliebige Zahl soll aus der G-adischen Darstellung in die Dezimaldarstellung umgewandelt werden. Als Basis sollen alle natürlichen Zahlen $G \leq 16$ zugelassen sein.

<u>Verfahren</u>. Zur Umwandlung wird die HORNER-Darstellung

$$N = (\dots(a_k G + a_{k-1})G + a_{k-2})G + \dots + a_1)G + a_0$$

von innen nach außen klammerweise ausgewertet.

<u>Hinweis</u>. Um die G-adische Darstellung nicht auf die normale Zahlenlänge zu begrenzen, wird bei der Eingabe und der Verarbeitung wieder eine Zeichenkette verwendet. Dadurch ist es auch problemlos möglich, die "Ziffern" A bis F für eine Basis $G \leq 16$ zuzulassen.

<u>Aufgabe</u> 21. Vergleichen Sie die Zahl der erforderlichen Multiplikationen nach der HORNER-Darstellung gegenüber der sonst üblichen Darstellung

$$N = a_k G^k + a_{k-1}G^{k-1} + \dots + a_1 G^1 + a_0 \ .$$

<u>Beispiel</u> 22. Umwandlung Dezimalbruch

<u>Problem/Beschreibung</u>. Ein Dezimalbruch x mit $0 \leq x < 1$ soll in die G-adische Darstellung zur Basis $G \leq 10$ umgewandelt werden, dabei ist die Stellenzahl K der Darstellung anzugeben.

<u>Verfahren</u>. Zur Umwandlung wird die HORNER-Darstellung

$$X = G^{-1}a_{-1} + G^{-1}(a_{-2} + G^{-1}(\dots + G^{-1}a_{-K})\dots)$$

verwendet. Die schrittweise Multiplikation von X mit G liefert durch Abtrennung des ganzzahligen Anteiles nacheinander die G-adischen Ziffern a_{-i}.

<u>Hinweis</u>. Da bei der Umwandlung unendliche periodische Ziffernfolgen entstehen können, muß eine Begrenzung auf K Stellen gefordert werden (Beispiel X=0.1 zur Basis G=2).

<u>Aufgabe</u> 22. Schreiben Sie ein Programm, das einen G-adischen Bruch mit K Stellen in seine Dezimaldarstellung umwandelt und geben Sie dabei den maximal möglichen Umwandlungsfehler an.

```
10   PRINT "21    UMWANDLUNG IN DEZIMALZAHL"
20   PRINT
30   INPUT "WELCHE BASIS?";G
40   PRINT G"-ADISCHE DARSTELLUNG:";
50   INPUT Z$
60 Y$ = "0123456789ABCDEF"
70 N = 0
80   FOR I = 1 TO  LEN (Z$)
90 T$ =  MID$ (Z$,I,1)
100  FOR K = 1 TO  LEN (Y$)
110  IF T$ < >  MID$ (Y$,K,1) THEN 140
120 N = N * G + K - 1
130  GOTO 150
140  NEXT K
150  NEXT I
160  PRINT
170  PRINT "N=";N
180  GOTO 20
190  END
```

```
   21    UMWANDLUNG  IN  DEZIMALZAHL
WELCHE  BASIS?16
16-ADISCHE  DARSTELLUNG:?FFFFF
N=1048575
WELCHE  BASIS?10
10-ADISCHE  DARSTELLUNG:?123456789
N=123456789
WELCHE  BASIS?1
1-ADISCHE  DARSTELLUNG:?00000
N=0
```

```
10   PRINT "22    UMWANDLUNG DEZIMALBRUCH"
20   PRINT
30   INPUT "       BASIS G ?";G
40   INPUT " ZAHLX, 0<X<1 ?";X
50   INPUT "STELLENZAHL K ?";K
60   PRINT
70   PRINT X"=(0. ";
80   FOR I = 1 TO K
90 X = X * G
100  PRINT  INT (X)" ";
110 X = X -  INT (X)
120  NEXT I
130  PRINT ")"G
140  GOTO 20
150  END
```

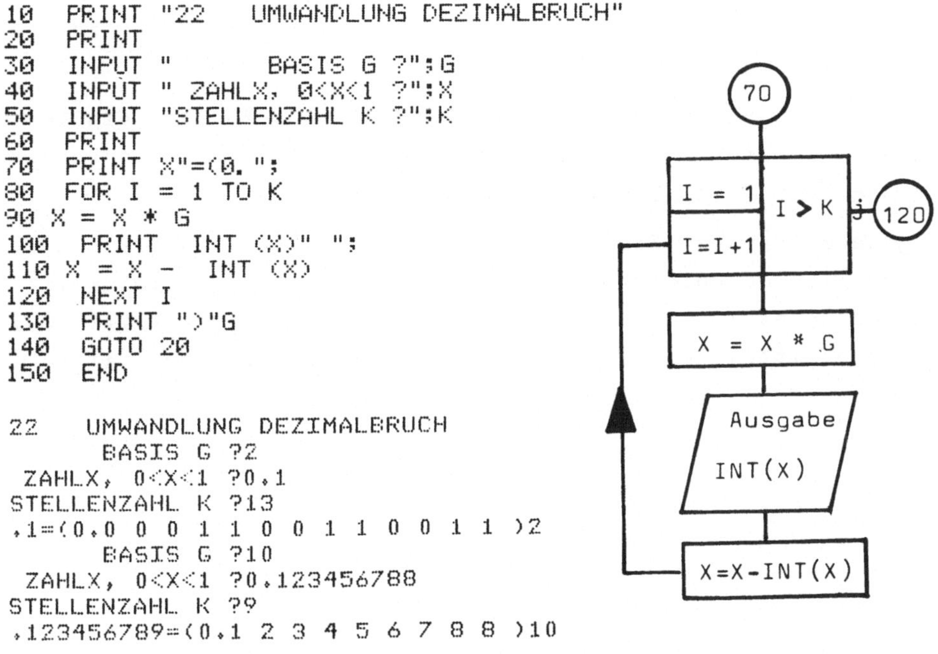


```
22    UMWANDLUNG DEZIMALBRUCH
       BASIS G ?2
 ZAHLX, 0<X<1 ?0,1
STELLENZAHL K ?13
,1=(0,0 0 0 1 1 0 0 1 1 0 0 1 1 )2
       BASIS G ?10
 ZAHLX, 0<X<1 ?0,123456788
STELLENZAHL K ?9
,123456789=(0,1 2 3 4 5 6 7 8 8 )10
```

<u>Beispiel</u> 23/24. Polynom(Vertafelung)

<u>Problem/Beschreibung</u>. Ein Polynom vom Grade n

$$p(x) = a_n x^n + a_{n-1} x^{n-1} + \ldots + a_1 x + a_o$$

soll in einem vorgegebenen Intervall $I = (a,b)$ mit der Schrittweite c vertafelt werden.

<u>Verfahren</u>. Die Polynomwerte $p(x)$ werden an den Stellen a, a+c, a+2c,... nach dem HORNER-Schema gebildet.

HORNER-Schema: $p(x) = (\ldots(a_n x + a_{n-1})x + \ldots + a_1)x + a_o$

<u>Aufgabe</u> 23. Ändern Sie das Programm so ab, daß im Falle eines Vorzeichenwechsels von $p(x)$ eine Meldung ausgegeben wird.

<u>Beispiel</u> 24/23. Polynom(Nullstelle)

<u>Problem/Beschreibung</u>. Eine Nullstelle $\bar{x}$ eines Polynoms $p(x)$ im Intervall $I = (a,b)$ soll mit der Genauigkeit K angenähert werden, d.h. für die Näherung $\tilde{x}$ soll $|\bar{x} - \tilde{x}| < K$ gelten.

<u>Verfahren</u>. Unter der Voraussetzung $p(a)*p(b)<0$ wird durch fortgesetzte Halbierung des Intervalls eine Folge von Teil-intervallen bestimmt, bis die Intervallänge kleiner als 2K ist. Als Näherungswert wird der Mittelwert $(a + b)/2$ des letzten Intervalls angegeben.

<u>Hinweis</u>. Mit Hilfe des Vertafelungsprogramms 23 kann ein ge-eignetes Intervall $I = (a,b)$ ermittelt werden, das die Voraus-setzung $p(a)*p(b)<0$ erfüllt (s.Beispiel 23).

<u>Aufgabe</u> 24. Ändern Sie das Programm so ab, daß die Anzahl i der erforderlichen Halbierungen aus der geforderten Genauigkeit und der Intervallänge $l = b - a$ mit der Beziehung $l_i = (b-a)/2^i$ <u>vorher</u> ermittelt und in einer FOR-Schleife verwendet wird.

```
10    PRINT "23/24 POLYNOM(VERTAFELUNG/NULLSTELLE)"
20    PRINT
30    INPUT "GIB GRAD N AN:";N
40    DIM A(N + 1)
50    FOR I = N TO 0 STEP  - 1
60    PRINT "KOEFFIZIENT A"I;
70    INPUT A(I)
80    NEXT I
90    INPUT "INTERVALL A,B:";A,B
100   INPUT "SCHRITTWEITE C:";C
110   PRINT " X                F(X)"
120   FOR X = A TO B STEP C
130   REM   UP HORNER
140   GOSUB 450
150   PRINT X,F
160   NEXT X
170   PRINT
180   PRINT "NULLSTELLE BESTIMMEN";
190   INPUT F$
200   IF  MID$ (F$,1,1) = "N" THEN 90
210   PRINT "WELCHES INTERVALL A,B";
220   INPUT A,B
230   PRINT "WELCHE GENAUIGKEIT";
240   INPUT K                          370 B = X
250 X = A                              380  GOTO 320
260  GOSUB 450                         390 A = X
270 FA = F                             400  GOTO 320
280 X = B                              410  PRINT
290  GOSUB 450                         420  PRINT "NAEHERUNG M=";M
300 FB = F                             430  PRINT "          F(M)=";F
310  IF FA * FB >  = 0 THEN 200        440  END
320 M = (A + B) / 2                    450 F = 0
330  IF M - A < K THEN 410             460  FOR I = 0 TO N
340 X = M                              470 F = F * X + A(N - I)
350  GOSUB 450                         480  NEXT I
360  IF FA * F > 0 THEN 390            490  RETURN
```

```
23/24 POLYNOM(VERTAFELUNG/NULLSTELLE)
GIB GRAD N AN:3
KOEFFIZIENT A3?1
KOEFFIZIENT A2?-1
KOEFFIZIENT A1?1
KOEFFIZIENT A0?-1
INTERVALL A,B:0,2
SCHRITTWEITE C:0.5
 X                F(X)
0                 -1
.5                -.625
1                 0
1.5               1.625
2                 5
NULLSTELLE BESTIMMEN?JA
WELCHES INTERVALL A,B?0,1.5
WELCHE GENAUIGKEIT?1E-6
NAEHERUNG M=.999999762          F(M)=9.53674317E-07
```

<u>Beispiel</u> 25. Mitternachtsformel

<u>Problem/Beschreibung</u>. Die reellen Nullstellen einer quadratischen Gleichung

$$A \cdot X^2 + B \cdot X + C = 0$$

sollen für den Normalfall $A \neq 0$ bestimmt werden.

<u>Verfahren</u>. Die Nullstellen werden mit der sog. Mitternachtsformel

$$X_1, X_2 = \frac{-B \pm \sqrt{B^2 - 4 \cdot A \cdot C}}{2 \cdot A} \qquad \text{bestimmt.}$$

Im Falle $D = B^2 - 4 \cdot A \cdot C < 0$ existieren keine reellen Nullstellen. Sonst wird die Formel mit der SQR-Funktion ausgewertet.

<u>Aufgabe 25</u>. Ergänzen Sie das Programm so, daß im Falle $D < 0$ die komplexen Nullstellen angegeben werden.

<u>Beispiel 26</u>. Kubische Gleichung

<u>Problem/Beschreibung</u>. Eine reelle Nullstelle der kubischen Gleichung $A \cdot X^3 + B \cdot X^2 + C \cdot X + D = 0$ soll für $A \neq 0$ mit der Genauigkeit K bestimmt werden.

<u>Verfahren</u>. Zunächst wird mit $Y = 1 + |B/A| + |C/A| + |D/A|$ ein Intervall $(-Y, Y)$ bestimmt, in dem ein Vorzeichenwechsel der Funktion $p(x)$ vorliegt. Anschließend wird durch fortgesetzte Halbierung des Ausgangsintervalls eine Folge von Teilintervallen erzeugt, die die reelle Nullstelle einschließen(siehe Bsp. 24/23). Die Halbierung wird abgebrochen, wenn die Länge des erzeugten Teilintervalles kleiner als die gegebene Genauigkeit K ist. Neben dem letzten "Mittelwert" als Näherung wird der zugehörige Funktionswert angegeben.

<u>Hinweis</u>. Falls die kubische Gleichung mehr als eine reelle Nullstelle besitzt, wird nur eine der Nullstellen angenähert.

<u>Aufgabe 26</u>. Schreiben Sie ein Programm, das eine reelle Nullstelle einer Gleichung 5.Grades annähern kann.

```
10   PRINT "25    MITTERNACHTSFORMEL"
20   PRINT
30   PRINT "KOEFFIZIENTEN A,B,C";
40   INPUT A,B,C
50   IF A = 0 THEN 30
60   PRINT
70 D = B * B - 4 * A * C
80   IF D < 0 THEN 120
90 D =   SQR (D)
100  PRINT "X1=";( - B + D) / (2 * A),"X2=";( - B - D) / (2 * A)
110  GOTO 130
120  PRINT "KEINE REELLE NULLSTELLE!"
130  END
```

```
25    MITTERNACHTSFORMEL            25    MITTERNACHTSFORMEL
KOEFFIZIENTEN A,B,C?1,-3,2          KOEFFIZIENTEN A,B,C?1,1,1
X1=2              X2=1             KEINE REELLE NULLSTELLE!
```

```
10   PRINT "26    KUBISCHE GLEICHUNG"
20   PRINT "KOEFFIZIENTEN A,B,C,D";
30   INPUT A,B,C,D
40   IF A = 0 THEN 20
50   INPUT "GENAUIGKEIT:";K
70   DEF  FN K(X) = ((A * X + B) * X + C) * X + D
80   REM  INTERVALL X,Y BESTIMMEN
90 Y = 1 +  ABS (B / A) +  ABS (C / A) +  ABS (D / A)
100 X =  - Y
110  PRINT "INTERVALL:"X;"<X<";Y
120 M = (X + Y) / 2
130  IF (M - X) < K THEN 190
140  IF  FN K(M) *  FN K(X) > 0 THEN 170
150 Y = M
160  GOTO 120
170 X = M
180  GOTO 120
190  PRINT
200  PRINT "NAEHERUNG=";M
210  PRINT "      F(X)="; FN K(M)
220  END
```

```
26    KUBISCHE GLEICHUNG
KOEFFIZIENTEN A,B,C,D?1,-1,1,-1
GENAUIGKEIT:1E-6
INTERVALL:-5<X<5
NAEHERUNG=.999999642
     F(X)=-7.15255737E-07

26    KUBISCHE GLEICHUNG
KOEFFIZIENTEN A,B,C,D?0,1,-3,2
KOEFFIZIENTEN A,B,C,D?1,0,0,0
GENAUIGKEIT:1E-8
INTERVALL:-2<X<2
NAEHERUNG=-3.50177288E-07
     F(X)=-4.29401864E-20
```

<u>Beispiel</u> 27. Lineares 2x2-Gleichungssystem

<u>Problem/Beschreibung</u>. Die Lösungsmenge des durch die Zahlen
a,b,r,c,d,s gegebenen linearen Gleichungssystems

$$a\cdot x + b\cdot y = r \qquad (1)$$
$$c\cdot x + d\cdot y = s \qquad (2)$$

soll unter der Voraussetzung $a \neq 0$ ermittelt werden.

<u>Verfahren</u>. Im "Normalfall" $D = ad - cb \neq 0$ wird das einzige
Lösungspaar durch direkte Elimination aus

$$x = \frac{rd - sb}{ad - cb} \quad , \quad y = \frac{as - cr}{ad - cb}$$

bestimmt.

Im "Sonderfall" $D = ad - cb = 0$ ist entweder für

        a) as $\neq$ cr das System unlösbar

   oder b) as = cr der y-Wert beliebig wählbar.

Im Fall a) wird angegeben: LOESUNGSMENGE IST LEER!

Im Fall b) wird für einen anzugebenden y-Wert der zugehörige
x-Wert aus x = (r -by)/a bestimmt und zusammen mit dem gewählten y-Wert angegeben.

<u>Hinweis</u>. Die Voraussetzung $a \neq 0$ schließt nur den trivialen
Fall a=b=c=d=r=s=0 aus, in dem jedes Paar (x/y) Lösung ist.
In allen anderen Fällen kann entweder durch die Vertauschung
der beiden Gleichungen (1),(2) oder der Variablen x,y die
Forderung $a \neq 0$ erfüllt und damit die Lösungsmenge ermittelt
werden.

<u>Aufgabe</u> 27. Schreiben Sie ein Programm, das zu einem gegebenen
Lösungspaar (x/y) Koeffizienten a,b,r,c,d,s eines 2x2-Systems
bestimmt, wobei a,b,c,d alle von Null verschieden sind (Umkehrproblem des "Normalfalles").

```
10   PRINT "27   LINEARES 2X2-GLEICHUNGSSYSTEM"
20   PRINT
30   PRINT "KOEFFIZIENTEN 1.GL.A,B,R";
40   INPUT A,B,R
50   IF A = 0 THEN 20
60   PRINT "KOEFFIZIENTEN 2.GL.C,D,S";
70   INPUT C,D,S
80 N = A * D - C * B
90   IF N = 0 THEN 130
100   PRINT "X=";(R * D - S * B) / N,
110   PRINT "Y=";(A * S - C * R) / N
120   GOTO 190
130   IF A * S = C * R THEN 160
140   PRINT "LOESUNGSMENGE IST LEER!"
150   GOTO 190
160   PRINT "Y IST FREI WAEHLBAR, WELCHES Y";
170   INPUT Y
180   PRINT "X=";(R - B * Y) / A,"Y=";Y
190   GOTO 20
200   END


27   LINEARES 2X2-GLEICHUNGSSYSTEM
KOEFFIZIENTEN 1.GL.A,B,R?1,2,3
KOEFFIZIENTEN 2.GL.C,D,S?4,5,6
X=-1              Y=2
KOEFFIZIENTEN 1.GL.A,B,R?1,0,1
KOEFFIZIENTEN 2.GL.C,D,S?0,1,1
X=1              Y=1
KOEFFIZIENTEN 1.GL.A,B,R?1,1,1
KOEFFIZIENTEN 2.GL.C,D,S?2,2,2
Y IST FREI WAEHLBAR, WELCHES Y?1
X=0              Y=1
```

Beispiel 28. Quadratwurzelnäherung

Problem/Beschreibung. Für einen beliebigen Radikanden $R > 0$ soll die Quadratwurzel mit einer gegebenen Genauigkeit K angenähert werden.

Verfahren. Das klassische NEWTON-Verfahren wird auf die Funktion $f(X) = X^2 + R$ zur näherungsweisen Bestimmung einer Nullstelle angewendet. Mit dem Startwert $X_0 = R$ wird eine neue Näherung $X_1 = (X_0 + R/X_0)/2$ gebildet. Das Verfahren wird mit $X_0 = X_1$ fortgesetzt, solange $|X_1 - R/X_1| > K$ ist.

Hinweis. Die Quadratwurzel wird durch das NEWTON-Verfahren nach höchstens einem Schritt stets von rechts(größere Werte) angenähert .

Aufgabe 28. Verwenden Sie die NEWTON-Quadratwurzelnäherung als Unterprogramm im Beispiel 25 (Mitternachtsformel).

Beispiel 29. Quadratwurzeleinschachtelung

Problem/Beschreibung. Für einen beliebigen Radikanden $R > 0$ soll die Quadratwurzel mit einer gegebenen Genauigkeit K eingeschachtelt werden.

Verfahren. Das Ausgangsintervall $(1,R)$ bzw. $(R,1)$ wird in zehn Teilintervalle gleicher Länge zerlegt. Dann wird das Intervall mit der Schrittlänge $|R-1|/10$ von links nach rechts auf einen Vorzeichenwechsel von $X^2 - R$ abgesucht. Das so gefundene Teilintervall wird dann wieder in 10 Teilintervalle und so fort zerlegt , bis die Länge des Teilintervalls kleiner als K ist. Der rechte Randwert dieses Teilintervalls wird als Näherungswert angegeben.

Hinweis. Das "Zehntel-Verfahren" ist i.a. aufwendiger als das Halbierungsverfahren, weil im Durchschnitt mehr Funktionswerte X^2 bestimmt werden müssen.

Aufgabe 29. Schreiben Sie für die Quadratwurzeleinschachtelung ein Programm, bei dem das Ausgangsintervall $(1,R)$ bzw. $(R,1)$ fortlaufend halbiert wird, bis die geforderte Genauigkeit K erreicht ist.

```
10    PRINT "28   QUADRATWURZELNAEHERUNG"
20    PRINT
30    INPUT "GIB RADIKAND AN:";R
40    IF R < 0 THEN 30
50    INPUT "     GENAUIGKEIT:";K
60 X0 = R
70 X1 = (X0 + R / X0) / 2
80 X0 = X1
90    REM FEHLERABSCHAETZUNG
100   IF  ABS (X1 - R / X1) > K THEN 70
110   PRINT
120   PRINT "NAEHERUNG X=";X1
130   END
```

```
28   QUADRATWURZELNAEHERUNG
GIB RADIKAND AN:2
     GENAUIGKEIT:1E-6
NAEHERUNG X=1.41421356
```

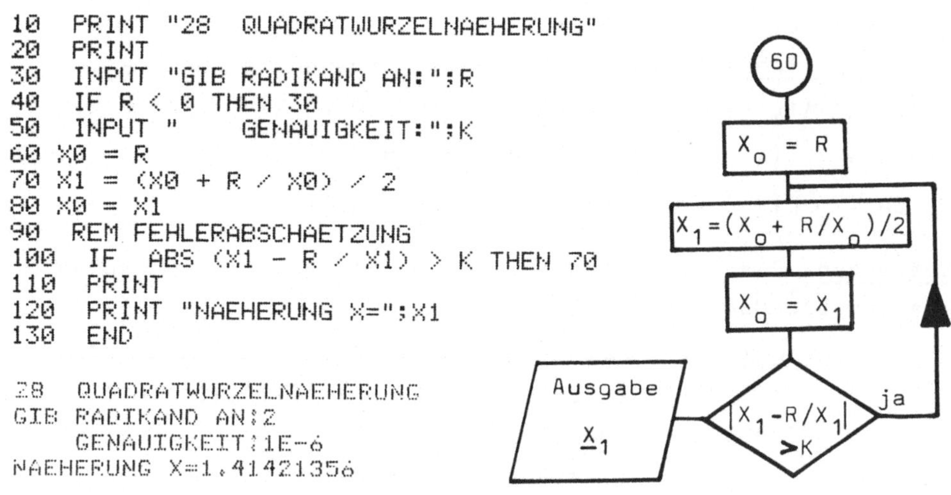


```
10    PRINT "29   QUADRATWURZELEINSCHACHTELUNG"
20    PRINT
30    INPUT "GIB RADIKAND AN:";R
40    IF R <  = 0 THEN 30
50    INPUT "     GENAUIGKEIT:";K
60    REM  STARTINTERVALL
70 A = R
80 B = 1
90    IF A < B THEN 120
100 B = R
110 A = 1
120 S = B - A
130   IF (B - A) < K THEN 220
140 S = S / 10
150   FOR X = A TO B STEP S
160   IF X * X < R THEN 200
170   B = X
180   A = X - S
190   GOTO 130
200   NEXT X
210   GOTO 130
220   PRINT
230   PRINT "NAEHERUNG X=";B
240   END
```

```
29   QUADRATWURZELEINSCHACHTELUNG
GIB RADIKAND AN:4
     GENAUIGKEIT:1E-6
NAEHERUNG X=2.0000002
```

```
29   QUADRATWURZELEINSCHACHTELUNG
GIB RADIKAND AN:2
     GENAUIGKEIT:1E-6
NAEHERUNG X=1.414214
```

<u>Beispiel</u> 30. Interpolation

<u>Problem/Beschreibung</u>. Die N+1 verschiedenen Wertepaare
$(x_0/y_0), (x_1/y_1), \ldots, (x_N/y_N)$ sollen durch ein Polynom vom
Grade N $\quad p(x) = a_N x^N + \ldots + a_1 x + a_0 \quad$ interpoliert werden,
so daß $\quad p(x_i) = y_i \quad$ für i = 0 bis N gilt.

<u>Verfahren</u>. Das Interpolationspolynom $p(x)$ wird nach LAGRANGE
aus den Grundpolynomen
$$L_i(x) = \frac{(x-x_0)(x-x_1)..(x-x_{i-1})(x-x_{i+1})..(x-x_N)}{(x_i-x_0) \ldots (x_i-x_{i-1})(x_i-x_{i+1})..(x_i-x_N)}$$
additiv aufgebaut, so daß mit
$$p(x) = y_0 L_0(x) + \ldots + y_N L_N(x) \qquad p(x_i) = y_i \quad \text{gilt.}$$
Für jeden gegebenen x-Wert wird das Interpolationspolynom ausgewertet und $p(x)$ angegeben.

<u>Aufgabe</u> 30. Ändern Sie das Programm 30 so ab, daß die Gesamt-
zahl der zu berechnenden Interpolationswerte vorgegeben werden
muß, so daß ein korrektes Ende des Programms erreicht wird.

<u>Beispiel</u> 31. "Harmonische Reihe"
<u>Problem/Beschreibung</u>. Die harmonische Reihe
$$1 + \frac{1}{2} + \frac{1}{3} + \ldots + \frac{1}{N} + \ldots$$
soll bis zu einem gegebenen "Summenwert" S aufsummiert werden.
Nach je 100 Summanden soll ein Zwischenwert angegeben werden.

<u>Hinweis</u>. Mit hinreichend vielen Summanden kann jeder Wert S
überschritten werden, da die Reihe divergent ist. Bei der Auswertung mit dem Rechner darf S jedoch nicht zu groß gewählt
werden, da nur mit einer festen Stellenzahl gerechnet wird.
Das Beispiel demonstriert, daß man aus einem "Stehenbleiben"
von Stellen in einem numerischen Ergebnis nicht auf dessen
Korrektheit schließen darf.

<u>Aufgabe</u> 31. Ändern Sie das Programm 31 so ab, daß die Summe
nur noch mit geradzahligen Nennern gebildet wird.

```
10   PRINT "30   INTERPOLATION"
20   PRINT
30   INPUT "WIEVIEL WERTEPAARE?";N
40 N = N - 1
50   DIM X(N),Y(N)
60   FOR I = 0 TO N
70   PRINT I + 1".WERTEPAAR";
80   INPUT X(I),Y(I)
90   NEXT I
100  PRINT
110  PRINT "POLYNOMGRAD N<=";N
120  PRINT
130  INPUT "  INTERPOLATION WO?";X
140 Y = 0
150  FOR I = 0 TO N
160  IF Y(I) = 0 THEN 230
170 L = 1
180  FOR K = 0 TO N
190  IF I = K THEN 210
200 L = L * (X - X(K)) / (X(I) - X(K))
210  NEXT K
220 Y = Y + Y(I) * L
230  NEXT I
240  PRINT "INTERPOLATIONSWERT=";Y
250  PRINT
260  INPUT "NEUER WERT(1), ENDE(0)";A
270  IF A = 1 THEN 120
280  END
```

```
30   INTERPOLATION
WIEVIEL WERTEPAARE?3
1.WERTEPAAR?-1,1
2.WERTEPAAR?0,0
3.WERTEPAAR?1,1
POLYNOMGRAD N<=2
   INTERPOLATION WO?-0,5
INTERPOLATIONSWERT=,25
NEUER WERT(1), ENDE(0)0
```

```
10   PRINT "31   HARMONISCHE REIHE"
20   PRINT
30   INPUT "WELCHE SUMME?";S
40 R = 0
50 N = 1
60 R = R + 1 / N
70 N = N + 1
80   IF N <  > 100 *  INT (N / 100) THEN 100
90   PRINT R
100  IF R < S THEN 60
110  PRINT "NACH "N" GLIEDERN SUMME="R
120  PRINT
```

```
31   HARMONISCHE REIHE
WELCHE SUMME?6
5,17737752
5,87303095
NACH 228 GLIEDERN SUMME=6,0043667
```

<u>Beispiel</u> 32. Näherung für PI

<u>Problem/Beschreibung</u>. Für die Kreiszahl Π sollen Näherungs-
werte nach verschiedenen Verfahren bestimmt werden.

<u>Verfahren</u>. Es werden folgende drei Verfahren nacheinander
verwendet.

1.Archimedes: Der halbe Umfang des Einheitskreises(Radius=1)
            wird durch einbeschriebene und umbeschriebene
            regelmässige Vielecke angenähert. S ist die
            Länge der Sehnenzüge,T die Länge der Tangenten-
            züge. Abbruch erfolgt, sobald $S \geq T$ durch
            Rundungseffekte wird.

2.Cusanus   : Anders als Archimedes, der einen Halbkreis der
            Länge Π durch regelmässige Vielecke annäherte,
            bestimmte Cusanus(1450 n.Chr.) die Radien der
            In- bzw. Umkreise regelmässiger 2^n-Ecke mit
            festem Umfang 2, so daß $2\pi h_n < 2 < 2\pi r_n$ gilt.
            Die Radien R bzw. H werden rekursiv bestimmt,
            Abbruch erfolgt, sobald $R \leq H$ ist.

3."Regen"   : Auf ein Quadrat der Kantenlänge 1 geht ein
            Zufallsregen von N "Tropfen" nieder. Zwei
            gegenüberliegende Ecken des Quadrates sind
            durch ein Viertel einer Kreislinie vom Radius 1
            verbunden(s. Skizze). Der Anteil der "Tropfen"
            innerhalb der Viertel-Kreisfläche($\Pi/4$) an der
            Gesamtzahl N wird gezählt. Das Vierfache dieses
            Anteils ist eine Näherung für Π.

<u>Aufgabe</u> 32. Ändern Sie das Programm so ab, daß die sukzessive
            Entwicklung der Näherungswerte nacheinander ange-
            geben wird(Näherungsfolge).

```
10   PRINT "32  NAEHERUNG FUER PI"
20   PRINT
30   PRINT "ARCHIMEDES:";
40 S = 2
50 C = 0
60 C =   SQR ((1 + C) / 2)
70 S = S / C
80 T = S / C
90   IF S < T THEN 60
100  PRINT S
110  PRINT
120  PRINT "   CUSANUS:";
130 H = 1 / 4
140 R =   SQR (2) / 4
150 H = (R + H) / 2
160 R =   SQR (R * H)
170  IF R > H THEN 150
180  PRINT 1 / R
190  PRINT
200  PRINT "ZUFALLSREGEN"
210  INPUT "WIEVIEL TROPFEN?";N
220 R = 0
230  FOR I = 1 TO N
240 R = R + 1 -   INT ( RND (1) ^ 2 +   RND (1) ^ 2)
250  NEXT I
260  PRINT 4 * R / N
270  PRINT
280  PRINT "LEIBNIZREIHE"
290  INPUT "WIEVIELE GLIEDER?";N
300 S = 0
310 K = 1
320  FOR I = 1 TO 2 * N STEP 2
330 S = S + K * 4 / I
340 K =  - K
350  NEXT I
360  PRINT S
370  END
```

```
32  NAEHERUNG FUER PI
ARCHIMEDES:3.14159265
    CUSANUS:3.14159264
ZUFALLSREGEN
WIEVIEL TROPFEN?1000
3.136
LEIBNIZREIHE
WIEVIELE GLIEDER?1000
3.14059266
```

6.2 Spiele und Simulationen

<u>Beispiel</u> 33. Würfeln von 1 bis N

<u>Problem/Beschreibung</u>. Aus der Reihe der natürlichen Zahlen von 1 bis N soll K-mal eine Zahl zufällig ausgewählt (gewürfelt) werden.

<u>Verfahren</u>. Zunächst wird mit Hilfe der BASIC-Standardfunktion RND(X) (Abk. für RANDOM, engl. Zufall) eine (Pseudo-)Zufallszahl aus dem Intervall [0,1) ausgewählt. Die Multiplikation mit der vorgegebenen Zahl N liefert dann eine (Pseudo-)Zufallszahl aus dem Intervall [0,N). Da wir jedoch nur ganze Zahlen "würfeln" wollen, wenden wird die BASIC-Standardfunktion INT(X) (Abk. für INTEGER, engl. ganz) auf die erhaltene Zahl an. Ergebnis: Wir erhalten eine ganze Zufallszahl aus der Reihe der Zahlen von 0 bis N-1. Die Addition der Zahl 1 liefert dann das gewünschte Gesamtergebnis:

$$\text{Zufallszahl } X = \text{INT}(N*\text{RND}(1)) + 1 \quad .$$

<u>Hinweis</u>. Beim Aufruf der Zufallsfunktion RND(X) ist X formal ohne Bedeutung. Die meisten BASIC-Systeme führen jedoch über das Argument des RND(X) Sonderbedingungen ein, auf die man im Einzelfall achten muß.

<u>Aufgabe</u> 33. Lassen Sie im Beispiel 33 den Zufallsgenerator RND(X) I-mal am Anfang "leerlaufen", um zu verhindern, daß stets die gleiche Folge von Zahlen nach dem 1.Start ausgegeben wird.

<u>Beispiel</u> 34. Würfeltest

<u>Problem/Beschreibung</u>. Für eine gegebene Anzahl von N Würfen eines normalen Spielwürfels soll die Verteilung auf die sechs verschiedenen Augenzahlen angegeben und mit der "idealen" Gleichverteilung verglichen werden.

<u>Verfahren</u>. Mit Hilfe der BASIC-Standardfunktion RND(X) werden Würfe eines normalen Spielwürfels simuliert(s.Beispiel 33). Die Anzahlen der für jede Augenzahl erzielten Würfe werden aufsummiert und nach N Würfen mit der "idealen" Anzahl N/6 verglichen.

<u>Aufgabe</u> 34. Ändern Sie das Programm so ab, daß ein "Würfel" mit einer beliebigen Augenanzahl getestet werden kann.

```
10    PRINT "33   WUERFELN VON 1 BIS N"
20    PRINT
30    PRINT "WELCHES N";
40    INPUT N
50    PRINT "WIE OFT";
60    INPUT K
70    FOR I = 1 TO K
80 X =   INT (N *  RND (1)) + 1
90    PRINT X"   ";
100   NEXT I
110   END


33   WUERFELN VON 1 BIS N !
WELCHES N?12
WIE OFT?12
12  9  5  7  3  8  9  6  1  6  8  10
```

```
10    PRINT "34   WUERFELTEST"
20    PRINT
30     INPUT "WIEVIEL WUERFE?";N
40    FOR I = 1 TO 6
50 W(I) = 0
60    NEXT I
70    FOR I = 1 TO N
80 X =   INT (6 *  RND (1)) + 1
90 W(X) = W(X) + 1
100   NEXT I
110   PRINT
120   PRINT "AUGEN  ERZIELT IDEAL PROZENT"
130   PRINT
140   FOR I = 1 TO 6
150   PRINT I TAB( 8)W(I) TAB( 16) INT (N / 6 + 0.5);
160   PRINT  TAB( 24) INT (600 * W(I) / N)
170   NEXT I
180   END


34   WUERFELTEST  !
WIEVIEL WUERFE?600
AUGEN   ERZIELT IDEAL PROZENT
1       119     100     119
2       97      100     97
3       103     100     103
4       97      100     97
5       82      100     82
6       102     100     102
```

Beispiel 35. Zahlenlotto

Problem/Beschreibung. Es sollen sechs verschiedene Zahlen aus
den Zahlen von 1 bis 49 zufällig ausgewählt werden.

Verfahren. Mit Hilfe der BASIC-Standardfunktion RND(X) werden
sechs Zufallszahlen aus 1 bis 49 "gewürfelt". Stimmt eine der
gewürfelten Zahlen mit einer der vorherigen Zufallszahlen
überein, so wird der Würfelvorgang solange wiederholt, bis
eine "neue" Zufallszahl bestimmt ist.

Hinweis. Wenn man verhindern will, daß beim Start stets die
gleiche Folge von "Lottozahlen" geliefert wird, so muß man
dem Zufallsgenerator RND(X) einen "toten" Vorlauf durch Verwendung einer FOR-Schleife mit einer frei wählbaren Schritt-
zahl geben.

Aufgabe 35. Ändern Sie das Programm so ab, daß die Lottozahlen für die 52 Wochen eines Jahres angegeben werden.

Beispiel 36. Russisches Roulette

Problem/Beschreibung. Der Vorgang "Russisches Roulette" mit
einem Trommelrevolver soll als Spiel gegen den Partner Computer
simuliert werden.

Verfahren. Die Auswahl einer der sechs Kammern des Revolvers
wird durch einen Würfelvorgang aus 1 bis 6 mit Hilfe der Standardfunktion RND(X) (s.Beispiel Würfeln) durchgeführt. Wird
die Zahl 1 "gewürfelt"(Kammer geladen) erfolgt die Meldung:
"Peng. Du bist leider tot", sonst (Kammer ungeladen) wird
"Klick. Du lebst noch!" angegeben. Verliert der Computer, so
wird das Spiel mit der Meldung "Mein Bruder nimmt Revanche."
fortgesetzt. Verliert dagegen der Spieler, so erhält er ein
"neues" Leben zur Fortsetzung des Spieles.

Aufgabe 36. Erweitern Sie das Programm so, daß der jeweilige
Spielstand Spieler gegen Computer mit angegeben wird.

```
10  PRINT "35  ZAHLENLOTTO"
20  PRINT
30  PRINT "WIEVIEL SPIELE";
40  INPUT N
50  FOR I = 1 TO N
60  FOR K = 1 TO 6
70 A(K) = 0
80 X =  INT (49 *  RND (1)) + 1
90  FOR L = 1 TO K - 1
100  IF A(L) = X THEN 80
110  NEXT L
120  PRINT  TAB( 6 * K)X;
130 A(K) = X
140  NEXT K
150  PRINT
160  NEXT I
170  END
```

```
10  PRINT "36  RUSSISCHES ROULETTE"
20  PRINT "WER SPIELT GEGEN MICH";
30  INPUT A$
40  PRINT "GUTEN TAG "A$
50  PRINT
60  INPUT "GIB EINE ZAHL<20 AN:";N
70  FOR I = 1 TO N
80 Z =  INT (6 *  RND (1)) + 1
90  NEXT I
100  IF Z = 1 THEN 160
110  PRINT "KLICK! "A$" DU LEBST NOCH!"
120  PRINT
130  IF Z = 2 THEN 190
140  PRINT  TAB( 15)"KLICK. ICH LEBE AUCH NOCH. "
150  GOTO 50
160  PRINT "PENG!! "A$" DU BIST LEIDER TOT"
170  PRINT "DU BEKOMMST EIN NEUES LEBEN!"
180  GOTO 50
190  PRINT  TAB( 20)"PENG. ICH BIN TOT. "
200  PRINT  TAB( 15)"MEIN BRUDER NIMMT REVANCHE. "
210  GOTO 50
220  END
```

```
35  ZAHLENLOTTO       !
WIEVIEL SPIELE?10
   36    23    15    33    41    48
   41    42    12     3    40    26
    4    46    40    41    13    43
   44    29    22    34     7    38
    5    10    21    31    14    37
   49    33    40    46    47     9
    6    47    35    33    36     1
   16    21    44    17    42     2
   33    24    40    29    27     4
    2    27    28    42    38    40
```

```
36  RUSSISCHES ROULETTE  !
WER SPIELT GEGEN MICH?KLAUS
GUTEN TAG KLAUS
GIB EINE ZAHL<20 AN:5
KLICK! KLAUS DU LEBST NOCH!
                KLICK. ICH LEBE AUCH NOCH.
GIB EINE ZAHL<20 AN:5
PENG!! KLAUS DU BIST LEIDER TOT
DU BEKOMMST EIN NEUES LEBEN!
GIB EINE ZAHL<20 AN:5
KLICK! KLAUS DU LEBST NOCH!
                      PENG. ICH BIN TOT.
                MEIN BRUDER NIMMT REVANCHE
```

<u>Beispiel</u> 37. Superhirn

<u>Problem/Beschreibung</u>. Das Spiel Superhirn(engl.Mastermind)
soll simuliert werden. Die Anzahl N der zu bestimmenden Posi-
tionen(Stecker) soll frei wählbar sein.

<u>Verfahren</u>. Nach Eingabe der Anzahl N der Positionen(Stecker)
wird die Anzahl der verschiedenen Ziffern(Farben) abgefragt.
Statt der verschiedenen Farben im Originalspiel werden die
Ziffern 1 bis Z mit $Z \geq N$ verwendet. Mit Hilfe der Standardfunktion RND(X) werden jetzt N verschiedene Ziffern aus 1 bis
Z zufällig ausgewählt. Der Spieler wird nach N Ziffern als
"Test" wiederholt abgefragt, bis eine vollständige Übereinstimmung in Position und Ziffern vorliegt. Nach jedem "Test"
wird die Anzahl der vollständigen Übereinstimmungen(Treffer),
die teilweise Übereinstimmung in der Ziffer(Farbe) bei fehler-
hafter Position(Fast) und die Anzahl der Nieten angegeben.

<u>Hinweis</u>.Zur Vereinfachung der Eingabe wird die Zifferfolge
als Zeichenkette(String) eingelesen. Die Zeichenkette B$
wird dann zeichenweise mit den String-Funktionen MID$(B$,I,1)
und VAL verarbeitet.

<u>Aufgabe</u> 37. Vereinfachen Sie die Eingabe und die Verarbeitung
durch Verwendung der GET-Funktion und die numerische Eingabe
der Ziffern bei Beschränkung auf einstellige Werte.

```
37  SUPERHIRN      !
WIEVIEL POSITIONEN?5
VON 1 BIS?5
GIB 5 ZIFFERN <= 5 OHNE KOMMA AN!
         TREFFER FAST NIETEN
?12345
              2       3      0
?21345
              1       4      0
?13245
              1       4      0
?14325
              3       2      0
?15324
              5       0      0
SIEG!!! DU BIST SPITZE
```

```
10   PRINT "37  SUPERHIRN"
20   PRINT
30   INPUT "WIEVIEL POSITIONEN?";N
40   INPUT "VON 1 BIS?";Z
50   IF Z < N THEN 40
60   FOR I = 1 TO N
70 X =   INT (Z *  RND (1)) + 1
80   FOR K = 1 TO I
90   IF A(K) = X THEN 70
100   NEXT K
110 A(I) = X
120   NEXT I
130   PRINT "GIB "N" ZIFFERN <= "Z" OHNE KOMMA AN!"
140   PRINT  TAB( 9);"TREFFER FAST NIETEN"
150   INPUT B$
160   IF  LEN (B$) > N THEN 150
170 S = 0
180 T = 0
190   FOR I = 1 TO N
200 B(I) =  VAL ( MID$ (B$,I,1))
210   FOR K = 1 TO N
220   IF A(K) <  > B(I) THEN 260
230   IF I <  > K THEN 250
240 T = T + 1
250 S = S + 1
260   NEXT K
270   NEXT I
280   PRINT  TAB( 13)T TAB( 19)S - T TAB( 25)N - S
290   IF T < N THEN 150
300   PRINT "SIEG!!! DU BIST SPITZE"
310   GOTO 20
320   END
```

```
WIEVIEL POSITIONEN?3
VON 1 BIS?5
GIB 3 ZIFFERN <= 5 OHNE KOMMA AN!
        TREFFER FAST NIETEN
?123
              0      1      2
?345
              1      1      1
?154
              0      3      0
?541
              0      3      0
?415
              3      0      0
SIEG!!! DU BIST SPITZE
```

<u>Beispiel</u> 38. Siebzehnundvier

<u>Problem/Beschreibung</u>. Das Kartenspiel "17 + 4" soll als Spiel gegen den Computer simuliert werden. Es soll ein Kartenspiel mit 32 Karten(Skatspiel) verwendet werden. Wer nacheinander mehr als 21 Augen zieht, verliert, sonst gewinnt die höhere Augenzahl.

<u>Verfahren</u>. Zum "Ziehen" der Karten (Augenzahlen 2 bis 4 und 7 bis 11) wird die Standardfunktion RND(X) verwendet. Es wird wechselseitig eine Zufallszahl "gewürfelt" und zum Summenstand des Spielers addiert. Das Programm "zieht" nur, solange seine Augensumme nicht größer als 15$\pm$1 ist. Das Ergebnis jedes Spieles, einschließlich eines möglichen Unentschieden, wird kommentiert.

<u>Aufgabe</u> 38. Ändern Sie das Programm so ab, daß am Beginn jedes Spieles jeder der beiden Spieler zwei Karten zugeteilt bekommt, bevor das eigentliche "Ziehen" beginnt.

 (Fortsetzung von Testbeispiel S.87)

```
ICH HABE GEZOGEN.
WILLST DU EINE KARTE(1=JA/0=NEIN)
ICH HABE GEZOGEN.
WILLST DU EINE KARTE(1=JA/0=NEIN)
ICH ZIEHE NICHT MEHR!
WILLST DU EINE KARTE(1=JA/0=NEIN)
ICH HABE 22 AUGEN
DU HAST GEWONNEN!!
NEUES SPIEL!
DU GEGEN MICH 1:0

WILLST DU EINE KARTE(1=JA/0=NEIN)
                DU HAST JETZT 4 AUGEN
ICH HABE GEZOGEN.
WILLST DU EINE KARTE(1=JA/0=NEIN)
                DU HAST JETZT 15 AUGEN
ICH HABE GEZOGEN.
WILLST DU EINE KARTE(1=JA/0=NEIN)
                DU HAST JETZT 18 AUGEN
ICH HABE GEZOGEN.
WILLST DU EINE KARTE(1=JA/0=NEIN)
ICH HABE GEZOGEN.
WILLST DU EINE KARTE(1=JA/0=NEIN)
ICH ZIEHE NICHT MEHR!
WILLST DU EINE KARTE(1=JA/0=NEIN)
ICH HABE 18 AUGEN
UNENTSCHIEDEN!
NEUES SPIEL!
DU GEGEN MICH 1:0
```

```
10   PRINT "38   SIEBZEHNUNDVIER"
20   PRINT
30 S1 = 0:C1 = 0
40 S = 0:C = 0:E = 1
50 Z = 0
60   PRINT
70   PRINT "WILLST DU EINE KARTE(1=JA/0=NEIN)"
80   GET A
90   IF A = 0 THEN 160
100 X =  INT (10 *  RND (1)) + 2
110  IF X > 4 AND X < 7 THEN 100
120  IF Z = 1 THEN 380
130 S = S + X
140   PRINT
150   PRINT  TAB( 18)"DU HAST JETZT "S" AUGEN"
160 Z = 1
170  IF E = 1 THEN 100
180  IF A = 1 THEN 50
190   PRINT
200   PRINT "ICH HABE "C" AUGEN"
210  IF C > 21 AND S > 21 THEN 330
220  IF C <  > S THEN 250
230   PRINT "UNENTSCHIEDEN!"
240   GOTO 340
250  IF C > 21 THEN 270
260  IF S > 21 OR C > S THEN 300
270   PRINT "DU HAST GEWONNEN!!"
280 S1 = S1 + 1
290   GOTO 340
300   PRINT "DIESMAL HABE ICH GEWONNEN. "
310 C1 = C1 + 1
320   GOTO 340
330   PRINT "DAS WAR NICHTS. "
340   PRINT "NEUES SPIEL!"
350   PRINT "DU GEGEN MICH "S1":"C1
360   PRINT
370   GOTO 40
380  IF C > 14 +  INT (3 *  RND (1)) THEN 420
390 C = C + X
400   PRINT "ICH HABE GEZOGEN. "
410   GOTO 50
420 E = 0
430   PRINT "ICH ZIEHE NICHT MEHR!"
440   GOTO 50
450   END

38   SIEBZEHNUNDVIER    !
WILLST DU EINE KARTE(1=JA/0=NEIN)
                   DU HAST JETZT 2 AUGEN
ICH HABE GEZOGEN.
WILLST DU EINE KARTE(1=JA/0=NEIN)
                   DU HAST JETZT 9 AUGEN
ICH HABE GEZOGEN.
WILLST DU EINE KARTE(1=JA/0=NEIN)
                   DU HAST JETZT 17 AUGEN
```

<u>Beispiel</u> 39. NIM-Spiel (1 Haufen)

<u>Problem/Beschreibung</u>. Ein Haufen mit N Hölzchen ist gegeben. In jedem Spielzug dürfen höchstens M Hölzchen, mindestens jedoch eines weggenommen werden. Wer den <u>letzten</u> Zug macht, <u>gewinnt</u> das Spiel!

<u>Verfahren</u>. Nach Vorgabe der Werte N und M durch den Gegenspieler beginnt das Programm mit dem 1.Zug des Computers: Ist N durch M+1 teilbar, wird durch Wegnahme von einem Hölzchen ein Verlegenheitszug gemacht. Im anderen Falle kann das Programm einen "Gewinnzug" machen, in dem es auf eine durch M+1 teilbare Anzahl reduziert. Nach einem solchen Zug kann der menschliche Gegenspieler nicht mehr gewinnen!

<u>Hinweis</u>. Der Spielbeginn wechselt nach jedem Spiel zwischen den beiden Partnern, in dem das Programm verliert.

<u>Aufgabe</u> 39. Ändern Sie das Programm so ab, daß der jeweils <u>letzte</u> Zug das Spiel <u>verliert</u>.

```
                    ICH REDUZIERZE AUF 12
WIEVIEL NIMMST DU?1
DU REDUZIERST AUF 11
                    ICH REDUZIERZE AUF 9
WIEVIEL NIMMST DU?2
DU REDUZIERST AUF 7
                    ICH REDUZIERZE AUF 6
WIEVIEL NIMMST DU?2
DU REDUZIERST AUF 4
                    ICH REDUZIERZE AUF 3
WIEVIEL NIMMST DU?1
DU REDUZIERST AUF 2
                    ICH REDUZIERZE AUF 0
ICH HABE GEWONNEN. REVANCHE
WIEVIEL HOELZER?12
MAXIMUM PRO ZUG!3
            12 HOELZER
ES DUERFEN BIS ZU 3 WEGGENOMMEN WERDEN!
LETZTER ZUG GEWINNT!
                    ICH REDUZIERZE AUF 11
WIEVIEL NIMMST DU?3
DU REDUZIERST AUF 8
                    ICH REDUZIERZE AUF 7
WIEVIEL NIMMST DU?3
DU REDUZIERST AUF 4
                    ICH REDUZIERZE AUF 3
WIEVIEL NIMMST DU?3
DU REDUZIERST AUF 0
DU HAST MICH BESIEGT! REVANCHE
```

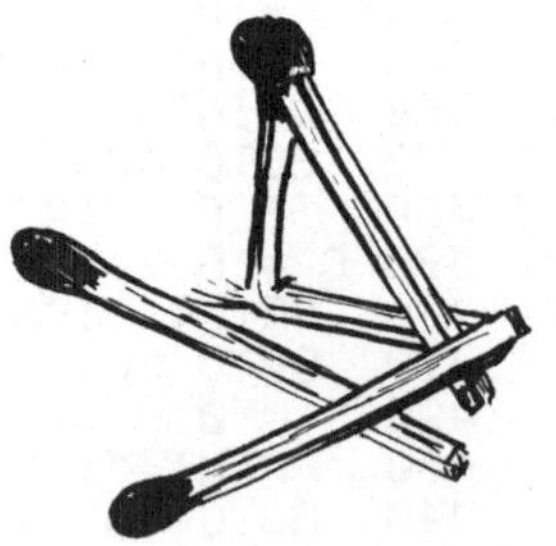

```
10    PRINT "39  NIM-SPIEL(1 HAUFEN)"
20    PRINT
30    INPUT "WIEVIEL HOELZER?";N
40    INPUT "MAXIMUM PRO ZUG:";M
50    PRINT
60    PRINT  TAB( 15)N" HOELZER"
70    PRINT "ES DUERFEN BIS ZU "M" WEGGENOMMEN WERDEN!"
80    PRINT "LETZTER ZUG GEWINNT!"
90 X = N / (M + 1)
100   IF X =  INT (X) THEN 120
110 N = (M + 1) *  INT (X) + 1
120 N = N - 1
130   PRINT  TAB( 20)"ICH REDUZIERZE AUF "N
140   IF N > 0 THEN 170
150   PRINT "ICH HABE GEWONNEN. REVANCHE"
160   GOTO 30
170   PRINT "WIEVIEL NIMMST DU";
180   INPUT Z
190   IF Z < 1 OR Z > M THEN 170
200 N = N - Z
210   PRINT
220   PRINT "DU REDUZIERST AUF "N
230   PRINT
240   IF N > 0 THEN 90
250   PRINT "DU HAST MICH BESIEGT! REVANCHE"
260 N = 5 * (M + 1)
270   PRINT "NEUES SPIEL MIT "N" HOELZERN"
280   GOTO 170
290   END


39  NIM-SPIEL(1 HAUFEN)
WIEVIEL HOELZER?12
MAXIMUM PRO ZUG:2
                12 HOELZER
ES DUERFEN BIS ZU 2 WEGGENOMMEN WERDEN!
LETZTER ZUG GEWINNT!
                    ICH REDUZIERZE AUF 11
WIEVIEL NIMMST DU?2
DU REDUZIERST AUF 9
                    ICH REDUZIERZE AUF 8
WIEVIEL NIMMST DU?2
DU REDUZIERST AUF 6
                    ICH REDUZIERZE AUF 5
WIEVIEL NIMMST DU?2
DU REDUZIERST AUF 3
                    ICH REDUZIERZE AUF 2
WIEVIEL NIMMST DU?2
DU REDUZIERST AUF 0
DU HAST MICH BESIEGT! REVANCHE
NEUES SPIEL MIT 15 HOELZERN
WIEVIEL NIMMST DU?1
DU REDUZIERST AUF 14
```

<u>Beispiel</u> 40. Zweidimensionales NIM-Spiel

<u>Problem/Beschreibung</u>. Die Anzahl S der Spieler ist frei wähl-
bar. Auf einem "Spielfeld" von M Zeilen und N Spalten werden
N*M "Steine" plaziert. Als Spielzug wird eine Position ausgewählt, auf der sich noch ein Stein befindet. Durch einen Zug
bleiben nur die Steine erhalten, die eine kleinere Zeilen-
<u>oder</u> Spaltennummer als die gewählte Position X,Y haben. Dabei
befindet sich die Position 1,1 in der linken oberen Ecke des
Spielfeldes. Wer die Position 1,1 wählen muß, verliert!

<u>Verfahren</u>. Nach Vorgabe von M und N werden als Spielfeld M
Zeilen und N Spalten mit Sternchen als Steine simuliert. Die
Spielzüge werden gemäß der Anzahl S der Spieler aufgerufen
und die Reduzierung der "Steine" dargestellt. Beim Zug 1,1
durch einen Spieler P erfolgt die Meldung: SPIELER P HAT VER-
LOREN!

<u>Aufgabe</u> 40. Ändern Sie das Spiel so ab, daß die Anzahl der
Zeilen und Spalten bei Spielbeginn zufällig ausgewählt wird.

```
40   ZWEIDIMENSIONALES NIM-SPIEL
ANZAHL DER SPIELER, ZEILEN, SPALTEN
?2,5,7
     1 2 3 4 5 6 7 8 9 10
1    O * * * * * *
2    * * * * * * *
3    * * * * * * *
4    * * * * * * *
5    * * * * * * *
SPIELER 1 ZEILE,SPALTE?1,6
     1 2 3 4 5 6 7 8 9 10
1    O * * * *
2    * * * * *
3    * * * * *
4    * * * * *
5    * * * * *
SPIELER 2 ZEILE,SPALTE?2,2
     1 2 3 4 5 6 7 8 9 10
1    O * * * *
2    *
3    *
4    *
5    *
```

```
SPIELER 1 ZEILE,SPALTE?1 ,2
     1 2 3 4 5 6 7 8 9 10
1    O
2    *
3    *
4    *
5    *
SPIELER 2 ZEILE,SPALTE?2,1
     1 2 3 4 5 6 7 8 9 10
1    O
2
3
4
5
SPIELER 1 ZEILE,SPALTE?1,1
SPIELER 1 HAT VERLOREN!
```

```
10    PRINT "40   ZWEIDIMENSIONALES NIM-SPIEL"
20    DIM A(100)
30    PRINT
40    PRINT "ANZAHL DER SPIELER, ZEILEN, SPALTEN"
50    INPUT S,M,N
60 P = 0
70    FOR I = 1 TO M * N
80 A(I) = 1
90    NEXT I
100 A(1) = 2
110    PRINT  TAB( 4)"1 2 3 4 5 6 7 8 9 10"
120    PRINT
130    FOR I = 1 TO M
140    PRINT I" ";
150    FOR K = 1 TO N
160    ON A(N * (I - 1) + K) + 1 GOTO 210,190,170
170    PRINT " O";
180    GOTO 210
190    PRINT " *";
200    GOTO 210
210    NEXT K
220    PRINT
230    PRINT
240    NEXT I
250 P = P + 1
260    IF P <  = S THEN 280
270 P = P - S
280    PRINT "SPIELER "P" ZEILE,SPALTE";
290    INPUT X,Y
300    IF X * Y > N * M THEN 280
310    IF A(N * (X - 1) + Y) = 0 THEN 280
320    FOR I = X TO M
330    FOR K = Y TO N
340 A(N * (I - 1) + K) = 0
350    NEXT K
360    NEXT I
370    IF A(1) <  > 0 THEN 110
380    PRINT "SPIELER "P" HAT VERLOREN!"
390    GOTO 30
400    END
```

<u>Beispiel</u> 41. Zahlenraten

<u>Problem/Beschreibung</u>. Eine zufällig aus den natürlichen Zahlen 1 bis N ausgewählte Zahl X soll erraten werden.

<u>Verfahren</u>. Nach Vorgabe eines frei wählbaren N wird mit Hilfe der Standardfunktion RND(X) eine Zahl aus 1 bis N zufällig ausgewählt. Auf die Frage "Welche Zahl ist es?" und die Eingabe einer "Testzahl" Y erfolgt eine der Antworten: Y "ist zu groß", Y "ist zu klein bzw. "Bravo. Mit I Versuchen geschafft! nach Auswertung der Ungleichungen Y > X, Y < X .

<u>Aufgabe</u> 41. Schreiben Sie ein Programm, bei dem 2 Spieler wechselweise eine Zufallszahl erraten sollen. Spielbeginn ebenfalls abwechselnd.

<u>Beispiel</u> 42. Sterne

<u>Problem/Beschreibung</u>. Eine zufällig aus den natürlichen Zahlen 1 bis 64 ausgewählte Zahl X soll erraten werden.

<u>Verfahren</u>. Mit Hilfe der Standardfunktion RND(X) wird eine Zufallszahl aus 1 bis 64 ausgewählt. Wie im obigen Beispiel darf eine Testzahl Y genannt werden. Die Antwort besteht hier jedoch aus einer bestimmten Anzahl von Sternen(*), die angibt, wie nahe Y bei der Zufallszahl X liegt. Ist der Abstand ABS(X-Y) < 32 bzw. 16 bzw. 8 bzw. 4 bzw. 2 so werden

      1 bzw. 2 bzw. 3 bzw. 4 bzw. 5 Sterne ausgegeben.
Ist X = Y , so lautet die Antwort:"Bravo. Meine Zahl ist X".

<u>Aufgabe</u> 42. Schreiben Sie ein Programm, in dem die Zufallszahl X aus 1 bis N mit einem frei wählbaren N bestimmt wird. Für jede "Halbierung" des Ausgangsabstandes N soll dabei ein weiterer Stern ausgegeben werden. Benutzen Sie ggf. einen String aus Sternen und die teilweise Ausgabe des Strings mit der Funktion MID$ (S$,1,I).

```
42  STERNE   !
ICH DENKE MIR EINE ZAHL X<65
JE MEHR STERNE ICH DRUCKE, UM SO BESSER BIST DU!
WELCHE ZAHL IST ES?32
 * * *
WELCHE ZAHL IST ES?48
 * * * *
WELCHE ZAHL IST ES?43
        BRAVO. MEINE ZAHL IST 43
```

```
10   PRINT "41   ZAHLENRATEN"
20   PRINT
30   INPUT "VON 1 BIS ?";N
40 X =   INT (N *   RND (1)) + 1
50 I = 0
60   PRINT
70   INPUT "WELCHE ZAHL IST ES?";Y
80 I = I + 1
90   IF Y > X THEN 130
100   IF Y < X THEN 150
110   PRINT "BRAVO. MIT "I" VERSUCHEN GESCHAFFT!"
120   GOTO 20
130   PRINT  TAB( 25)Y" IST ZU GROSS!"
140   GOTO 60
150   PRINT  TAB( 25)Y" IST ZU KLEIN!!"
160   GOTO 60
170   END
```

```
41   ZAHLENRATEN   !
VON 1 BIS ?16
WELCHE ZAHL IST ES?8
                        8 IST ZU KLEIN!!
WELCHE ZAHL IST ES?12
                        12 IST ZU GROSS!
WELCHE ZAHL IST ES?10
BRAVO. MIT 3 VERSUCHEN GESCHAFFT!
```

```
10   PRINT "42   STERNE"
20   PRINT
30   PRINT "ICH DENKE MIR EINE ZAHL X<65"
40   PRINT "JE MEHR STERNE ICH DRUCKE, UM SO BESSER BIST DU!"
50 X =   INT (64 *   RND (1)) + 1
60   PRINT
70   INPUT "WELCHE ZAHL IST ES?";Y
80 Z =   ABS (X - Y)
90   IF Z = 0 THEN 230
100   IF Z > 32 THEN 200
110   IF Z > 16 THEN 190
120   IF Z > 8 THEN 180
130   IF Z > 4 THEN 170
140   IF Z > 2 THEN 160
150   PRINT " *";
160   PRINT " *";
170   PRINT " *";
180   PRINT " *";
190   PRINT " *";
200   PRINT " *";
210   PRINT
220   GOTO 60
230   PRINT  TAB( 15)"BRAVO. MEINE ZAHL IST "X
240   PRINT
250   GOTO 30
260   END
```

<u>Beispiel</u> 43. Intervallsuche

<u>Problem/Beschreibung</u>. Eine aus den natürlichen Zahlen von 1 bis N zufällig ausgewählte Zahl soll durch wiederholte Angabe eines "Intervalles" gefunden werden.

<u>Verfahren</u>. Nach Vorgabe der Zahl N wird mit Hilfe der Funktion RND(X) eine Zufallszahl X aus 1 bis N bestimmt. Nach Angabe eines Suchintervalles durch ein Zahlenpaar A,B wird ermittelt, ob $X < A$, $A \leq X \leq B$ oder $X > B$ ist. Falls $A=B=X$ ist, wird angegeben: X IST MEINE ZAHL! sowie die Anzahl I der benötigten Versuche.

<u>Hinweis</u>. Beachten Sie, daß bei der Intervallsuche, die Anzahl der notwendigen IF-Abfragen für eine sichere Bestimmung von X stets größer ist als bei der Halbierung des Intervalles im Bsp. 41.

<u>Aufgabe</u> 43. Geben Sie den Spielverlauf durch die Angabe der jeweils noch vorhandenen Zahlen (nach jedem Spielzug) wieder.

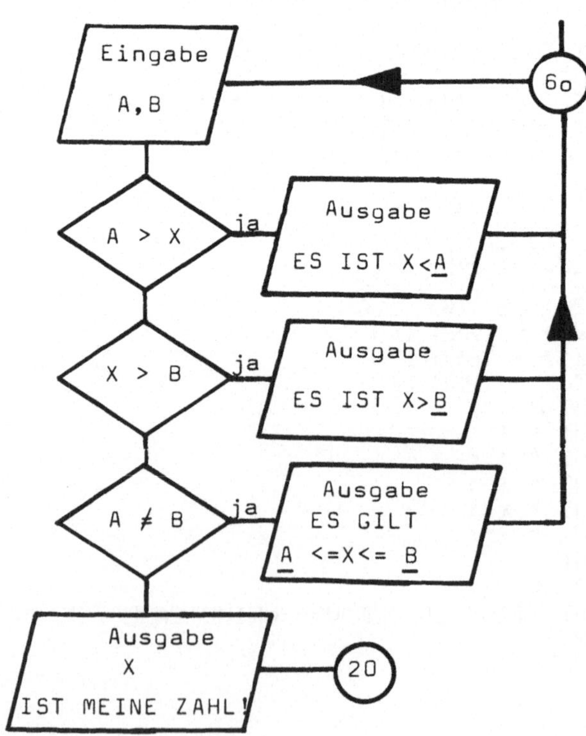

```
10    PRINT "43   INTERVALLSUCHE"
20    PRINT
30    INPUT "ZAHLEN VON 1 BIS?";N
40 I = 0
50 X =   INT (N *  RND (1)) + 1
60    PRINT
70    PRINT "GIB SUCHINTERVALL A,B AN";
80    INPUT A,B
90 I = I + 1
100   IF A > X THEN 160
110   IF X > B THEN 180
120   IF A <  > B THEN 200
130   PRINT X" IST MEINE ZAHL!"
140   PRINT "DU HAST ES MIT "I" VERSUCHEN GESCHAFFT. "
150   GOTO 20
160   PRINT "ES IST X<"A
170   GOTO 60
180   PRINT "ES IST X>"B
190   GOTO 60
200   PRINT "ES GILT "A" <=X<= "B
210   GOTO 60
220   END
```

```
43   INTERVALLSUCHE    !
ZAHLEN VON 1 BIS?:81
GIB SUCHINTERVALL A,B AN?28,54
ES GILT 28 <=X<= 54
GIB SUCHINTERVALL A,B AN?36,44
ES GILT 36 <=X<= 44
GIB SUCHINTERVALL A,B AN?39,41
ES IST X>41
GIB SUCHINTERVALL A,B AN?43,43
ES IST X>43
GIB SUCHINTERVALL A,B AN?44,44
44 IST MEINE ZAHL!
DU HAST ES MIT 5 VERSUCHEN GESCHAFFT.
ZAHLEN VON 1 BIS?:9
GIB SUCHINTERVALL A,B AN?4,6
ES GILT 4 <=X<= 6
GIB SUCHINTERVALL A,B AN?5,5
ES IST X<5
GIB SUCHINTERVALL A,B AN?4,4
4 IST MEINE ZAHL!
DU HAST ES MIT 3 VERSUCHEN GESCHAFFT.
```

<u>Beispiel</u> 44. Koboldsuche

<u>Problem/Beschreibung</u>. Hinter einem von 81 quadratisch (9x9)
angeordneten Punkten ist ein "Kobold" verborgen. Der Kobold
soll gefangen werden. Dazu kann ein Fangquadrat durch seinen
Mittelpunkt A,B und den "Abstand" K gewählt werden. Ist der
Kobold im Fangquadrat einschließlich seines Randes, so ver-
bleiben diese Punkte im Spiel, sonst die außerhalb des Fangquadrates. Mit K=∅ kann auch ein einzelner Punkt als Fangquadrat gewählt werden.

<u>Verfahren</u>. Mit Hilfe der Zufallsfunktion RND(X) wird ein
Punkt X,Y zufällig als "Kobold" ausgewählt. Nach einem Spiel-
zug durch Angabe von A,B,K werden entweder die Punkte des
Fangquadrates oder die außerhalb des Fangquadrates "gelöscht".
Wir der "Kobold" mit X,Y,∅ "gefangen", erfolgt die Meldung:
"BRAVO. DU HAST IHN!!".

<u>Aufgabe</u> 44. Ändern Sie das Programm so ab, daß statt des Fang-
quadrates ein Fangkreis durch A,B,K (K = Radius) verwendet
wird und die Anzahl der benötigten Spielzüge am Ende des
Spiels angegeben wird.

```
10    PRINT "44   KOBOLDSUCHE"
20    PRINT
30    FOR I = 0 TO 8
40    FOR J = 0 TO 8
50 A(I,J) = 1
60    NEXT J
70    NEXT I
80 X =   INT (9 *   RND (1))
90 Y =   INT (9 *   RND (1))
100   HOME
110   FOR I = 0 TO 8
120   PRINT 8 - I;
130   FOR J = 0 TO 8
140   IF A(I,J) = 0 THEN 160
150   PRINT  TAB( 2 * J + 2)".";
160   NEXT J
170   PRINT : PRINT
180   NEXT I
190   PRINT " 0 1 2 3 4 5 6 7 8"
200   PRINT : PRINT
210   PRINT "MITTELPUNKT, LAENGE A,B,K";
220    INPUT A,B,K
230 A = 8 - A
240 Z = 0
250   IF X = A AND Y = B AND K = 0 THEN 380
260   IF  ABS (A - X) > K OR  ABS (B - Y) > K THEN 280
270 Z = 1
280   FOR I = 0 TO 8
290   FOR J = 0 TO 8
300   IF Z = 1 THEN 330
310   IF  ABS (A - I) > K OR  ABS (B - J) > K THEN 350
320   GOTO 340
330   IF  ABS (A - I) <  = K AND  ABS (B - J) <  = K THEN 350
340 A(I,J) = 0
350   NEXT J
360   NEXT I
370   GOTO 100
380   PRINT "BRAVO. DU HAST IHN!!"
390   GOTO 20
400   END
```

```
44   KOBOLDSUCHE   !        MITTELPUNKT, LAENGE A,B,K?0,4,4
8. . . . . . . . .         8
7. . . . . . . . .         7
6. . . . . . . . .         6
5. . . . . . . . .         5
4. . . . . . . . .         4. . . . . . . . .
3. . . . . . . . .         3. . . . . . . . .
2. . . . . . . . .         2. . . . . . . . .
1. . . . . . . . .         1. . . . . . . . .
0. . . . . . . . .         0. . . . . . . . .
  0 1 2 3 4 5 6 7 8          0 1 2 3 4 5 6 7 8
```

<u>Beispiel</u> 45. Umkehrspiel

<u>Problem/Beschreibung</u>. Eine zufällige Anordnung von N Buchstaben soll durch "Spielzüge" in die alphabetische Reihenfolge gebracht werden. Ein "Spielzug" besteht darin, daß nach Angabe einer Zahl K die ersten K Buchstaben in der Reihenfolge umgekehrt werden.

<u>Verfahren</u>. Mit Hilfe der Zufallsfunktion RND(X) werden N Buchstaben zufällig ausgewählt und als Zeichenkette A$ dargestellt. Nach einem Zug mit der Zahl K werden die ersten K Buchstaben in der Kette A$ in der Reihenfolge umgekehrt und geprüft, ob die alphabetische Reihenfolge aller N Buchstaben vorliegt.

<u>Aufgabe</u> 45. Ändern Sie das Programm so ab, daß zwei Spieler nacheinander die gleiche Buchstabenfolge umkehren sollen und die Anzahl der jeweils benötigten Spielzüge angegeben wird.

<u>Beispiel</u> 46. Abzählen

<u>Problem/Beschreibung</u>. Auf N Personen ist solange ein Abzählvers mit M Silben anzuwenden, bis eine Person übrigbleibt.

<u>Verfahren</u>. Nach der Angabe der Anzahl N der Personen wird ein Feld L(I) mit den Zahlen 1 bis N belegt. Die M-te Person im Feld L(I) wird durch L(I)=∅ aussortiert und in den folgenden Abzählgängen jeweils übergangen, bis nur noch eine Komponente des Felde L(I) von Null verschieden ist.

<u>Hinweis</u>. Als spezielle Form des Abzählens ist die Josephus-Permutation zu erwähnen. Unter N=40 aufständischen Juden in Rom sollte jeder siebente(M=7) von den eigenen Leuten niedergemacht werden, bis noch einer übrig blieb, der Selbstmord begehen sollte.

<u>Aufgabe</u> 46. Ändern Sie das Programm so ab, daß zufällig bestimmt wird, mit welcher Person K das Abzählen beginnt.

```
46  ABZAEHLEN
WIEVIEL PERSONEN?10
ABZAEHLVERS, WIEVIEL SILBEN?5
AUSGEZAEHLT WERDEN:
 5 10 6 2 9 8 1 4 7
AUSGEWAEHLT WURDE PERSON 3
```

```
10   PRINT "45   UMKEHRSPIEL"
20   PRINT
30 Z$ = "ABCDEFGHIJKLMNOPQRSTUVWXYZ"
40   INPUT "WIEVIEL ZEICHEN?";N
50 A$ = ""
60   FOR I = 1 TO N
70 X =   INT (25 *  RND (1)) + 1
80 A$ = A$ +  MID$ (Z$,X,1)
90   NEXT I
100   PRINT A$: SPC( 10);
110   FOR I = 1 TO N - 1
120   IF  MID$ (A$,I,1) >  MID$ (A$,I + 1,1) THEN 160
130   NEXT I
140   PRINT "RICHTIGE REIHENFOLGE!"
150   GOTO 20
160   INPUT "UMKEHR AB?";K
170   IF K > N OR 2 > K THEN 160
180 B$ =  MID$ (A$,K,1)
190   FOR I = K - 1 TO 1 STEP  - 1
200 B$ = B$ +  MID$ (A$,I,1)
210   NEXT I
220   IF K = N THEN 240
230 B$ = B$ +  RIGHT$ (A$,N - K)
240 A$ = B$
250   GOTO 100
```

```
45   UMKEHRSPIEL  !
WIEVIEL ZEICHEN?18
PCRRGDJKBEBIYTLBYS        UMKEHR AB?18
SYBLTYIBEBKJDGRRCP        UMKEHR AB?
```

```
10   PRINT "46   ABZAEHLEN"
20   DIM L(100)
30   PRINT
40   INPUT "WIEVIEL PERSONEN?";N
50   PRINT
60   INPUT "ABZAEHLVERS, WIEVIEL SILBEN";M
70   FOR I = 1 TO N
80 L(I) = I
90   NEXT I
100   PRINT "AUSGEZAEHLT WERDEN:"
110 H = 0:X = 0:Y = 0
120 X = X + 1
130   IF X <  = N THEN 150
140 X = X - N
150   IF L(X) = 0 THEN 120
160 Y = Y + 1
170   IF Y < M THEN 120
180 H = H + 1
190 Y = 0
200 L(X) = 0
210   IF H = N THEN 240
220   PRINT X" ";
230   GOTO 120
240   PRINT : PRINT
250   PRINT "AUSGEWAEHLT WURDE PERSON "X
260   END
```

<u>Beispiel</u> 47. Roulette

<u>Problem/Beschreibung</u>. Für das normale Spielkasino-Roulette
soll die Auswahl der Zahl aus 0 bis 36 und die Zuordnung der
Chancen(Rot/Schwarz, Pair/Impair usw.) durchgeführt werden.

<u>Verfahren</u>. Mit Hilfe der Zufallsfunktion RND(X) wird eine der
Zahlen 0 bis 36 nach Drücken einer beliebigen Taste zufällig
ausgewählt. Die Zuordnung der jeweiligen Zahl zu den Chancen

      Rot/Schwarz, Pair/Impair, Manque/Passe   (2-fach)
      1./2./3. Dutzend und 1./2./3. Reihe   (3-fach)

wird getestet und angegeben.
Fällt die "Kugel" auf Ø (Zero), so erfolgt eine entsprechende
Meldung. Nach dem Auszahlen und Setzen (auf einem realen
Roulette-Spielfeld) kann durch Tasten-druck die nächste "Ku-
gel" rollen.

<u>Hinweis</u>. Beim Start des Programms ohne vorherigen Aufruf der
RND-Funktion erscheint immer die gleiche Folge von Zahlen.
Sie können das vermeiden, indem Sie vor dem Start des Rou-
lette-Spiels die RND-Funktion z.B. in einer Schleife mehrfach
aufrufen.

<u>Aufgabe</u> 47. Erweitern Sie das Programm so, daß für die je-
weils ausgewählte Zahl ihre bisherige Häufigkeit während des
bisherigen Spielverlaufes mit angegeben wird.

```
DIE KUGEL FAELLT AUF:   35

                        SCHWARZ
                        IMPAIR
                        PASSE
                        3.DUTZEND
                        2.REIHE

BITTE AUSZAHLEN UND SETZEN
        DRUECKE TASTE!
DIE KUGEL ROLLT.......
DIE KUGEL ROLLT.......
DIE KUGEL ROLLT.......
DIE KUGEL ROLLT.......
DIE KUGEL ROLLT.......
DIE KUGEL ROLLT.......
DIE KUGEL ROLLT.......
DIE KUGEL ROLLT.......
DIE KUGEL ROLLT.......
DIE KUGEL ROLLT.......
DIE KUGEL FAELLT AUF:   6
```

```
10    PRINT "47  ROULETTE"
20    PRINT
30    PRINT  TAB( 10);"DRUECKE TASTE!"
40    GET N$
50    FOR I = 1 TO 10
60    PRINT "DIE KUGEL ROLLT......"
70    NEXT I
80    PRINT : PRINT
90 X =   INT (37 *  RND (1))
100   PRINT "DIE KUGEL FAELLT AUF:   "X
110   IF X = 0 THEN 370
120   IF X = 01 OR X = 03 OR X = 05 THEN 310
130   IF X = 07 OR X = 09 OR X = 12 THEN 310
140   IF X = 14 OR X = 16 OR X = 18 THEN 310
150   IF X = 19 OR X = 21 OR X = 23 THEN 310
160   IF X = 25 OR X = 27 OR X = 30 THEN 310
170   IF X = 32 OR X = 34 OR X = 36 THEN 310
180   PRINT  TAB( 30)"SCHWARZ"
190   IF X = 2 *  INT (X / 2) THEN 330
200   PRINT  TAB( 30)"IMPAIR"
210   IF X > 18 THEN 350
220   PRINT  TAB( 30)"MANQUE"
230 Y =   INT ((X - 1) / 12) + 1
240   PRINT  TAB( 30)Y".DUTZEND"
250 X = X - 3 *  INT (X / 3)
260   IF X > 0 THEN 280
270 X = 3
280   PRINT  TAB( 30)X".REIHE"
290   PRINT "BITTE AUSZAHLEN UND SETZEN"
300   GOTO 20
310   PRINT  TAB( 30)"ROT"
320   GOTO 190
330   PRINT  TAB( 30)"PAIR"
340   GOTO 210
350   PRINT  TAB( 30)"PASSE"
360   GOTO 230
370   PRINT  TAB( 30)"ZERO!!!"
380   PRINT "EINFACHE CHANCEN BLEIBEN"
390   PRINT "DER REST AN DIE BANK!!"
400   GOTO 20

47   ROULETTE    !
          DRUECKE TASTE!
DIE KUGEL ROLLT......
DIE KUGEL ROLLT......
DIE KUGEL ROLLT......
DIE KUGEL ROLLT......
DIE KUGEL ROLLT......
DIE KUGEL ROLLT......
DIE KUGEL ROLLT......
DIE KUGEL ROLLT......
DIE KUGEL ROLLT......
DIE KUGEL ROLLT......
```

<u>Beispiel</u> 48. Kegeln

<u>Problem/Beschreibung</u>. Von 10 "Kegeln" sollen mit 2 Versuchen
möglichst viele "umgelegt" werden. Zehn Treffer im 1.Versuch
ergeben 3 Punkte, zehn Treffer mit zwei Versuchen 1 Punkt.
Es dürfen bis zu 10 Spieler gleichzeitig teilnehmen.

<u>Verfahren</u>. Jeder Spieler kann durch Angabe einer Ziffer
(0 bis 9) den "zufälligen" Lauf der "Kugel" beeinflussen.
Mit Hilfe der RND-Funktion wird ein "Wurfergebnis" simuliert.
Das Ergebnis jedes Versuches wird ausgegeben (0 = Kegel ist
gefallen, * = Kegel steht noch). Der Spielstand wird nach
jedem Versuch auch insgesamt angegeben. Nach 7 Durchgängen
wird das Spiel beendet. Neuer Start durch RUN.

<u>Aufgabe</u> 48. Ändern Sie die Spielregeln dahingehend ab, daß
jeder Spieler bei jedem Durchgang 4 Punkte vorab erhält, von
denen für jeden Versuch 1 Punkt bis zum "Abräumen"aller Kegel
abgezogen wird.

```
48  KEGELN  !
WIEVIELE SPIELER?2
                        SPIELER 1 TASTE 1-9 !
SPIEL: 1 SPIELER: 1 KUGEL: 1
        0 0 0 0
         0 0 0
          0 *
           0
                        SPIELER 1 TASTE 1-9 !
SPIEL: 1 SPIELER: 1 KUGEL: 2
        0 0 0 0
         0 0 0
          0 0
           0
ALLE ZEHNE! 1 PUNKT.
                        SPIELER 2 TASTE 1-9 !
SPIEL: 1 SPIELER: 2 KUGEL: 1
        0 0 0 0
         0 * 0
          0 *
           *
                        SPIELER 2 TASTE 1-9 !
SPIEL: 1 SPIELER: 2 KUGEL: 2
        0 0 0 0
         0 * 0
          0 0
           0
FEHLVERSUCH.
SPIELSTAND
SPIELER: 1        1 PUNKTE
SPIELER: 2        0 PUNKTE
```

```
10   PRINT "48  KEGELN"
20   DIM C(15),A(10)
30   PRINT
40   PRINT "WIEVIELE SPIELER";
50   INPUT R
60 F = 1
70   FOR P = 1 TO R
80 B = 1
90   FOR I = 1 TO 15
100 C(I) = 0
110  NEXT I
120  PRINT  TAB( 20)"SPIELER "P" TASTE 1-9 !"
130  GET N$
140 D = 0
150  FOR I = 1 TO 20 +  VAL (N$)
160 X =  INT ( RND (1) * 100)
170  FOR J = 1 TO 10
180  IF X < 15 * J THEN 200
190  NEXT J
200 C(15 * J - X) = 1
210  NEXT I
220  PRINT "SPIEL: "F;" SPIELER: "P;" KUGEL: "B
230 K = 0
240  FOR I = 10 TO 13
250  PRINT
260  FOR J = 1 TO 14 - I
270 K = K + 1
280  IF C(K) = 1 THEN 310
290  PRINT  TAB( I);"* ";
300  GOTO 320
310  PRINT  TAB( I)"O ";
320  NEXT J
330  NEXT I
340  PRINT
350  FOR I = 1 TO 10
360 D = D + C(I)
370  NEXT I
380  ON B GOTO 390,430
390  IF D < 10 THEN 480
400  PRINT "VOLLTREFFER!! 3 PUNKTE. "
410 A(P) = A(P) + 3
420  GOTO 510
430  IF D < 10 THEN 500
440  PRINT "ALLE ZEHNE! 1 PUNKT. "
450 A(P) = A(P) + 1            530  PRINT "SPIELSTAND"
460  GOTO 510                  540  FOR P = 1 TO R
                               550  PRINT "SPIELER: "P,A(P)" PUNKTE"
480 B = B + 1                  560  NEXT P
490  IF B < 3 THEN 120         570  PRINT
500  PRINT "FEHLVERSUCH. "     580 F = F + 1
510  NEXT P                    590  IF F < 7 THEN 70
520  PRINT                     600  PRINT "NEUES SPIEL MIT RUN"
```

<u>Beispiel</u> 49. Buchstabenmemory

<u>Problem/Beschreibung</u>. Eine Anzahl von N Buchstaben soll zufällig ausgewählt werden. Nach einer von N abhängigen Zeit sollen die von einem Spieler erinnerten Buchstaben mit dem "Original" verglichen und eine Erfolgsquote angegeben werden.

<u>Verfahren</u>. Nach Vorgabe der Anzahl N werden mit Hilfe der Standardfunktion RND(X) N Buchstaben zufällig ausgewählt. Die ausgewählte Buchstabenfolge wird mit Hilfe einer FOR-Schleife in einer zu N proportionalen Zeit angegeben und dann gelöscht. Auf die Frage: "Welche Buchstaben waren es?" können maximal N Buchstaben aus der Erinnerung von einem Spieler eingegeben werden. Anschließend wird der Prozentsatz der Übereinstimmung ohne Bewertung der Reihenfolge ermittelt.

<u>Hinweis</u>. Treten in der Buchstabenfolge Buchstaben mehrfach auf, so genügt die Wiedergabe eines Buchstabens, um die volle Übereinstimmung zu erzielen.

<u>Aufgabe</u> 49. Ändern Sie das Programm so ab, daß bei der zufälligen Auswahl der Buchstaben jeder Buchstabe nur einmal auftreten darf.

```
10   PRINT "49   BUCHSTABENMEMORY"
20   READ A$
30   PRINT
40   PRINT "WIEVIELE BUCHSTABEN";
50   INPUT N
60 B$ = ""
70  FOR I = 1 TO N
80 X =  INT (25 *  RND (1)) + 1
90 B$ = B$ +  MID$ (A$,X,1)
100   NEXT I
110   PRINT
120   PRINT  TAB( 10)B$
130   FOR I = 1 TO 500 * N
140   NEXT I
150   HOME
160   PRINT "WELCHE BUCHSTABEN WAREN ES("N")"
170   INPUT C$
180   IF  LEN (C$) > N THEN 160
190 Z = 0
200   FOR I = 1 TO N
210   FOR K = 1 TO  LEN (C$)
220   IF  MID$ (C$,K,1) =  MID$ (B$,I,1) THEN 250
230   NEXT K
240   GOTO 260
250 Z = Z + 1
260   NEXT I
270   PRINT  TAB( 2)B$
280   PRINT Z" TREFFER. DAS SIND " INT (100 * Z / N)" PROZENT."
290   GOTO 30
300   END
310   DATA "ABCDEFGHIJKLMNOPQRSTUVWXYZ"


49   BUCHSTABENMEMORY  !
WIEVIELE BUCHSTABEN?5
          GYCCB
WELCHE BUCHSTABEN WAREN ES(5)
?GYCCB
 GYCCB
5 TREFFER. DAS SIND 100 PROZENT.
WIEVIELE BUCHSTABEN?10
          HQKNGXCNTL
WELCHE BUCHSTABEN WAREN ES(10)
?ABCDEFGHIJ
 HQKNGXCNTL
3 TREFFER. DAS SIND 30 PROZENT.
WIEVIELE BUCHSTABEN?10
          SSTAKRTBFV
WELCHE BUCHSTABEN WAREN ES(10)
?1111111111
 SSTAKRTBFV
0 TREFFER. DAS SIND 0 PROZENT.
WIEVIELE BUCHSTABEN?
```

<u>Beispiel</u> 50. Zahlenmemory

<u>Problem/Beschreibung</u>. Das "Aufdecken" von je zwei Zahlen aus einer "verdeckten" Menge von Zahlenpaaren soll simuliert werden. Werden zwei gleiche Zahlen aufgedeckt, so erhält der jeweilige Spieler einen Punkt und darf erneut ein Paar aufdecken. Sind die "aufgedeckten" Zahlen verschieden, so ist der zweite Spieler am Zug. Wer die meisten Punkte nach dem Aufdecken aller Zahlenpaare hat, gewinnt das Spiel.

<u>Verfahren</u>. Nach der Vorgabe einer geraden Anzahl D von Zeilen werden D*D Zahlen zufällig in D Zeilen und D Spalten mit der RND-Funktion angeordnet, wobei je zwei Zahlen gleich sind. Die Anordnung wird als "Sterne-Muster" (verdeckt) angegeben, zwei Zahlen werden mit ihrem Wert (aufgedeckt) vorgegeben. Die beiden Spieler decken nacheinander zwei Zahlen auf, in dem sie Zeilen- und Spaltennummer X,Y eingeben. Stimmen die zugehörigen Zahlen überein, so werden sie aus dem "Sterne-Muster" entfernt und der Spieler erhält einen Punkt. Stimmen sie nicht überein, so wird der zweite Spieler um seinen Zug gebeten. Sind alle Zahlen "aufgedeckt", so wird der Endstand des Spieles angegeben.

<u>Hinweis</u>. Um eine "stehende" Ausgabe des Sterne-Musters zu erreichen, wird der nicht in allen BASIC-Versionen zulässige Befehl HOME(Löschen des Bildschirms) verwendet. Notfalls kann er einfach durch PRINT ersetzt werden.

<u>Aufgabe</u> 50. Ändern Sie das Programm so ab, daß statt Paaren drei übereinstimmende Zahlen gefunden werden müssen(Drillinge).

```
50   ZAHLENMEMORY   !
GERADE ZAHL DER ZEILEN <9?4
       1   2   3   4
-----------------------------
1 I    *   *   *   *
2 I    *   7   *   *
3 I    *   *   2   *
4 I    *   *   *   *
1.SPIELER DECKT AUF?3,2
```

```
       1   2   3   4
-----------------------------
1 I    *   *   *   *
2 I    *   *   *   *
3 I    *   2   *   *
4 I    *   *   *   *
1.SPIELER DECKT AUF?3,3
       1   2   3   4
-----------------------------
1 I    *   *   *   *
2 I    *   *   *   *
3 I    *   2   2   *
4 I    *   *   *   *
SPIELSTAND
1.SPIELER:1,  2.SPIELER:0
```

```basic
10    PRINT "50   ZAHLENMEMORY"
20    DIM A(8,8)
30    PRINT "GERADE ZAHL DER ZEILEN <9";
40    INPUT D
50    IF D <  > 2 *  INT (D / 2) THEN 30
60    FOR I = 1 TO D / 2
70    FOR K = 1 TO D
80 A(I,K) = D * (I - 1) + K
90 A(I + D / 2,K) = A(I,K)
100    NEXT K
110    NEXT I
120 A = 1
130    FOR I = 1 TO D
140    FOR K = 1 TO D
150 H = A(I,K)
160 X =  INT (D *  RND (1)) + 1
170 Y =  INT (D *  RND (1)) + 1
180 A(I,K) = A(X,Y):A(X,Y) = H
190    NEXT K
200    NEXT I
210 E(1) = 0:E(2) = 0
220 X = D / 2:Y = D / 2
230 U = D / 2 + 1:V = D / 2 + 1
240    GOSUB 400
250    FOR K = 1 TO 2
260    IF K = 2 THEN 290
270 U = 0
280 V = 0
290    PRINT A".SPIELER DECKT AUF";
300    INPUT X,Y
310    IF X > D OR Y > D THEN 300
320    IF A(X,Y) = 0 THEN 290
330    GOSUB 400
340 Z(K) = A(X,Y)
350    NEXT K
360    IF Z(1) = Z(2) THEN 640
370    PRINT  TAB( 30)"NIETE!"
380 A = A / (1.5 *  INT (A / 2) + 0.5)
390    GOTO 250
400    HOME
410    FOR I = 1 TO D
420    PRINT  TAB( 3 * I + 3)I;
430    NEXT I
440    PRINT
450    PRINT "------------------------------"
460 F = 0
470    FOR I = 1 TO D
480    PRINT I" I";
490    FOR L = 1 TO D
500    IF A(I,L) <  > 0 THEN 530
510 F = F + 1
520    GOTO 580
530    IF I = X AND L = Y THEN 570
540    IF I = U AND L = V THEN 570
550    PRINT  TAB( 3 * L + 3)"*";
560    GOTO 580
570    PRINT  TAB( 3 * L + 3)A(I,L);
580    NEXT L
590    PRINT : PRINT
600    NEXT I
610    IF K = 2 THEN 630
620 U = X:V = Y
630    RETURN
640 E(A) = E(A) + 1
650 A(X,Y) = 0:A(U,V) = 0
660    PRINT "SPIELSTAND"
670    PRINT "1.SPIELER:"E(1);", 2.SPIELER:"E(2)
680    IF F <  > D * D - 2 THEN 250
690    PRINT  TAB( 25);"SPIELENDE!"
700    END
```

<u>Beispiel</u> 51. Harte Nuss (TEASER)

<u>Problem/Beschreibung</u>. In neun Positionen (3 Reihen, 3 Spalten)
sind Einsen und Nullen zufällig verteilt.
Spielzug(1 Spieler): Jede Position, die mit einer Eins besetzt
ist, darf "gezogen" werden (Angabe von Reihe und Spalte).
Dabei ergeben sich folgende unterschiedliche Wirkungen:
a) Wird eine der vier "Eckpositionen" gezogen, so ändern sich
   außer der Ecke die beiden benachbarten Positionen und die
   Mitte des Feldes. Aus Null wird Eins und umgekehrt.
b) Wird eine der vier "Mittepositionen" (zwischen zwei Ecken)
   gezogen, so ändern sich außer dieser Position die beiden
   benachbarten Ecken. Aus Null wird Eins und umgekehrt.
c) Wird das "Zentrum"(2,2) gezogen, so ändern sich außer (2,2)
   alle vier Mittepositionen. Aus Null wird Eins u.u.
Spielende: Ein Spieler erreicht auf allen (acht) Positionen
           außer dem Zentrum (2,2) eine Eins und gewinnt.

<u>Verfahren</u>: Die Anfangsstellung der neun Positionen wird mit
Hilfe der Zufallsfunktion RND(X) erzeugt. Nach Angabe eines
Spielzuges M,N (Reihe/Spalte) wird dessen Zulässigkeit ge-
prüft, das Spielende abgefragt und bei Fortsetzung die neue
Spielstellung bestimmt und angegeben.

<u>Hinweis</u>. Es gibt 362 880 mögliche Stellungen, von denen sich
jedoch nur 102 nicht durch Drehung oder Spiegelung ineinander
überführen lassen. Der Einstieg in die letzten drei Spielzüge
ist nur aus drei (der 102) Positionen möglich.

<u>Aufgabe</u> 51. Ändern Sie das Programm so ab, daß als (erleich-
tertes)Spielende ALLE Positionen außer dem Zentrum (2,2) eine
Null aufweisen.

```
10   PRINT "51   HARTE NUSS(TEASER)"
20   PRINT
30   FOR M = 1 TO 3
40   FOR N = 1 TO 3
50 A(M,N) =   INT ( RND (1) + 0.5)
60   NEXT N
70   NEXT M
80 S = 0
90   FOR M = 1 TO 3
100   FOR N = 1 TO 3
110   PRINT  TAB( 16)A(M,N)"   ";
120 S = S + A(M,N)
130   NEXT N
140   PRINT : PRINT : PRINT
150   NEXT M
160   IF S < 8 OR A(2,2) = 1 THEN 190
170   PRINT "BRAVO. ES IST GESCHAFFT!"
180   GOTO 20
190   IF S > 0 THEN 220
200   PRINT "KEIN GEWINN MEHR MOEGLICH!!"
210   GOTO 20
220   INPUT "DEIN ZUG? ";M,N
230   IF M > 3 OR N > 3 THEN 220
240   IF A(M,N) = 0 THEN 220
250 A(M,N) = 0
260   ON M + 3 * N - 3 GOTO 270,380,490,310,410,530,340,460,560
270 A(1,2) =   NOT A(1,2)
280 A(2,1) =   NOT A(2,1)
290 A(2,2) =   NOT A(2,2)
300   GOTO 80
310 A(1,1) =   NOT A(1,1)
320 A(1,3) =   NOT A(1,3)
330   GOTO 80
340 A(1,2) =   NOT A(1,2)
350 A(2,3) =   NOT A(2,3)
360 A(2,2) =   NOT A(2,2)
370   GOTO 80
380 A(1,1) =   NOT A(1,1)
390 A(3,1) =   NOT A(3,1)
400   GOTO 80
410 A(2,1) =   NOT A(2,1)
420 A(1,2) =   NOT A(1,2)
430 A(2,3) =   NOT A(2,3)
440 A(3,2) =   NOT A(3,2)
450   GOTO 80
460 A(1,3) =   NOT A(1,3)
470 A(3,3) =   NOT A(3,3)
480   GOTO 80
490 A(2,1) =   NOT A(2,1)
500 A(3,2) =   NOT A(3,2)
510 A(2,2) =   NOT A(2,2)
520   GOTO 80
530 A(3,1) =   NOT A(3,1)
540 A(3,3) =   NOT A(3,3)
550   GOTO 80
560 A(2,3) =   NOT A(2,3)
570 A(3,2) =   NOT A(3,2)
580 A(2,2) =   NOT A(2,2)
590   GOTO 80
600   END
```

```
51   HARTE NUSS(TEASER)
                1   1   0
                0   0   1
                0   1   0
DEIN ZUG? 2,3
                1   1   1
                0   0   0
                0   1   1
DEIN ZUG? 3,2
                1   1   1
                0   0   0
                1   0   0
DEIN ZUG? 1,3
                1   0   0
                0   1   1
                1   0   0
DEIN ZUG? 2,3
                1   0   1
                0   1   0
                1   0   1
DEIN ZUG? 2,2
                1   1   1
                1   0   1
                1   1   1
BRAVO. ES IST GESCHAFFT!
```

<u>Beispiel</u> 52. Crabs-Würfelspiel

<u>Problem/Beschreibung</u>. Für N Spieler soll das amerikanische
Würfelspiel "Crabs" durchgeführt werden. Spielzug: 1 Wurf
mit zwei normalen Spielwürfeln. Spielregeln: Augensumme S
mit 7 oder 11 gewinnt. Augensumme S mit 2,3,12 verliert. In
den anderen Fällen von S wird erneut mit beiden Würfeln gewürfelt, bis entweder die erste Augensumme wiederum gewürfelt
wird(=Gewinn) oder S=7 ist(=Verlust).

<u>Verfahren</u>. Mit Hilfe der Zufallsfunktion RND(X) wird der Wurf
von zwei Würfeln durch

$$S = INT(6*RND(1))+INT(6*RND(1))+2$$

simuliert. Der jeweilige Spieler löst den Würfelvorgang durch
Drücken einer Taste selbst aus. Beim Wechsel zum jeweils folgenden Spieler wird der Spielstand angegeben.

<u>Aufgabe</u> 52. Ändern Sie das Programm so ab, daß eine feste
Anzahl K von Partien erreicht wird, wobei K zu Beginn vom
Programm angefordert wurde.

```
10   PRINT "52  CRABS-WUERFELSPIEL"
20   PRINT
30   INPUT "WIEVIEL SPIELER?";N
40   DIM A(N)
50   FOR I = 1 TO N
60   PRINT "SPIELER " TAB( 8)I" WUERFELT";
70   GET X
80 S =  INT (6 *  RND (1)) +  INT (6 *  RND (1)) + 2
90   PRINT " SUMME:"S;
100   IF S = 7 OR S = 11 THEN 200
110   IF S = 2 OR S = 3 OR S = 12 THEN 230
120   PRINT " PUNKT!"
130 P = S
140   PRINT "SPIELER" TAB( 9)I" WUERFELT";
150   GET X
160 S =  INT (6 *  RND (1)) +  INT (6 *  RND (1)) + 2
170   PRINT " SUMME:"S
180   IF S <  > 7 AND S <  > P THEN 140
190   IF S = 7 THEN 230
200 A(I) = A(I) + 1
210   PRINT  TAB( 30)"GEWINN!"
220   GOTO 250
230 A(I) = A(I) - 1
240   PRINT  TAB( 30)"VERLUST!!"
250   NEXT I
260   PRINT "SPIELSTAND"
270   PRINT "SPIELER      PUNKTE"
280   FOR I = 1 TO N
290   PRINT I TAB( 15)A(I)
300   PRINT
310   NEXT I
320   GOTO 50
330   END
```

```
52   CRABS-WUERFELSPIEL   !
WIEVIEL SPIELER? 2
SPIELER 1 WUERFELT SUMME:8 PUNKT!
SPIELER 1 WUERFELT SUMME:5
SPIELER 1 WUERFELT SUMME:4
SPIELER 1 WUERFELT SUMME:8
                              GEWINN!
SPIELER 2 WUERFELT SUMME:6 PUNKT!
SPIELER 2 WUERFELT SUMME:6
                              GEWINN!
SPIELSTAND
SPIELER      PUNKTE
1            1
2            1
SPIELER 1 WUERFELT SUMME:7   GEWINN!
SPIELER 2 WUERFELT SUMME:8 PUNKT!
SPIELER 2 WUERFELT SUMME:7
                              VERLUST!!
SPIELSTAND
SPIELER      PUNKTE
1            2
2            0
```

Beispiel 53. Schiffe versenken

Problem/Beschreibung. In einem quadratischen Gitter der Kantenlänge N sollen 2 Flaggschiffe, 3 Kreuzer, 4 Schnellboote und 5 U-Boote zufällig verteilt werden. Durch Angabe der Gitterkoordinaten X,Y sollen die Schiffseinheiten "versenkt" werden. Treffer bzw. Wasser sollen im Gitter angegeben werden.

Verfahren. Mit Hilfe der Zufallsfunktion RND(X) werden die Schiffseinheiten F, K, S und U mit der Länge 4, 3, 2 und 1 nach Anforderung der Kantenlänge N im Feld F(X,Y) horizontal, vertikal oder diagonal verteilt.

Nach jeder Anforderung der "Schußkoordinaten" X,Y wird festgestellt, ob es sich um einen Treffer oder nicht (Wasser) handelt. Der betreffende Gitterpunkt wird zur Ausgabe freigegeben und das gesamte Gitter ausgegeben. Falls alle 30 Schiffseinheiten "versenkt" wurden, erfolgt die Meldung:"BRAVO. ALLES VERSENKT!".

Hinweis. Wegen des Programmaufwandes wurden diagonale Überschneidungen sowie Berührungen von Schiffseinheiten zugelassen.

Aufgabe 53. Erweitern Sie das Programm so, daß die Anzahl der durchgeführten Zielversuche zur Versenkung aller 30 Einheiten am Spielende angegeben wird.

```
53  SCHIFFE VERSENKEN  !
FELD NXN, 10<N<20?12
KOORDINATEN X,Y?5,5
WASSER! BEI 5,5
    1 2 3 4 5 6 7 8 9101112131415161718 19
 1
 2
 3
 4
 5          *
 6
 7
 8
 9
10
11
12
 KOORDINATEN X,Y?5,7
 TREFFER S BEI 5,7
```

```basic
10   PRINT "53  SCHIFFE VERSENKEN"
20   DIM F(20,20)
30 F$ = "*FKSU"
40   PRINT "FELD NXN, 10<N<20";
50   INPUT N
60   IF N < 11 OR N > 19 THEN 40
70   FOR F = 2 TO 5
80   FOR I = 1 TO F
90 X =   INT ((N - 6) *  RND (1)) + 6 - F
100 Y =   INT ((N - 6) *  RND (1)) + 6 - F
110 A =   INT (3 *  RND (1)) - 1
120 B =   INT (3 *  RND (1)) - 1
130  IF A = 0 AND B = 0 THEN 120
140  FOR K = 1 TO 6 - F
150  IF F(X,Y) <  > 0 THEN 90
160 X(K) = X:Y(K) = Y
170 X = X + A:Y = Y + B
180  NEXT K
190  FOR K = 1 TO 6 - F
200 F(X(K),Y(K)) =  - F
210  NEXT K
220  NEXT I
230  NEXT F
240  PRINT : PRINT
250  PRINT "KOORDINATEN X,Y";
260  INPUT X,Y
270  IF X > N OR Y > N THEN 250
280  IF F(X,Y) > 0 THEN 250
290  HOME
300 Z = F(X,Y) + 6
310  IF Z < 6 THEN 350
320  PRINT "WASSER! BEI "X","Y
330 F(X,Y) = 1
340  GOTO 380
350  PRINT "TREFFER " MID$ (F$,6 - Z,1)" BEI "X","Y
360 F(X,Y) =  ABS (F(X,Y))
370  PRINT
380  PRINT "  1 2 3 4 5 6 7 8 910111213141516171819"
390 E = 0
400  FOR I = 1 TO N
410  PRINT I TAB( 3);
420  FOR K = 1 TO N
430 X = F(I,K)
440  IF X <  = 0 THEN 480
450  PRINT  TAB( 2 * K + 1) MID$ (F$,X,1);
460  IF X = 1 THEN 480
470 E = E + 1
480  NEXT K
490  PRINT
500  NEXT I
510  IF E < 30 THEN 240
520  PRINT "BRAVO. ALLES VERSENKT!"
530  END
```

<u>Beispiel</u> 54. Gerade-Ungerade

<u>Problem/Beschreibung</u>. Gegeben ist eine <u>ungerade</u> Anzahl von Steinen. Spielzug: Mindestens einen Stein, höchstens vier Steine wegnehmen. Spielende: Wenn alle Steine entfernt sind, hat der Spieler mit der <u>geraden</u> Anzahl von Steinen gewonnen. Der Spielverlauf soll für eine Folge von Spielen mit Angabe des Spielstandes simuliert werden. Das Programm selbst ist der Gegenspieler, der sein Spielverhalten nach einem Mißerfolg "verbessert".

<u>Verfahren</u>. Mit Hilfe der Zufallsfunktion RND(X) wird eine ungerade Zahl P zwischen 7 und 25 ausgewählt. Das Programm wählt zunächst den einheitlichen Spielzug "ICH NEHME JETZT 4". Der Spieler wird zu einem Zug aufgefordert, wobei ihm die Anzahl der noch vorhandenen Steine und die Anzahl A seiner Steine genannt wird. Gewinnt das Programm (was zunächst nur selten der Fall ist), so erfolgt die Meldung:"ICH HABE DIESMAL GEWONNEN." Verliert das Programm, so wird der Meldung: "DU HAST GEWONNEN!!!" die Reduzierung des <u>letzten</u> Spielzuges um einen Stein als Lernschritt angeschlossen. Dazu muß sich das Programm den letzten Zug "merken", bei dem es mehr als einen Stein gezogen hat. Alle Spielsituationen werden im "Gedächtnis" R(2,25) notiert. Es genügt dabei für jede Anzahl von 1 bis 25 zwischen dem Zustand gerade Anzahl /ungerade Anzahl der <u>eigenen</u> Steine zu unterscheiden.

<u>Hinweis</u>. Für einen deutlichen "Lernfortschritt" des Programmes sind mindestens 30 Spiele notwendig, bei denen das Programm verliert und damit "lernt".

<u>Aufgabe</u> 54. Erweitern Sie das Programm so, daß nach jedem Mißerfolg des Programmes bzw. einer Korrektur des Gedächtnisses R(2,25) das Gedächtnis ausgegeben wird.

(Fortsetzung von Seite 115)

```
VORHANDENE STEINE: 6
ICH HABE: 8 UND NEHME JETZT: 4
REST: 2  DU HAST 5, DEIN ZUG?1
VORHANDENE STEINE: 1
ICH NEHME 1
            DU HAST GEWONNEN!!!
                 ES STEHT 1:0
```

```
10   PRINT "54  GERADE-UNGERADE"
20   DIM R(2,25)
30   FOR I = 1 TO 25
40 R(1,I) = 4
50 R(2,I) = 4
60   NEXT I
70 C = 0:S = 0
80 A = 0:B = 0
90 E1 = 1:L1 = 1
100 P =  INT ((15 *  RND (1) + 10) / 2) * 2 + 1
110   PRINT
120   PRINT  TAB( 25)"ES STEHT "S":"C
130   PRINT : PRINT
140   PRINT "VORHANDENE STEINE: "P
150   PRINT : PRINT
160 E = (B / 2 -  INT (B / 2)) * 2 + 1
170 L = P
180 M = R(E,L)
190  IF M = 1 THEN 210
200 E1 = E:L1 = L
210  IF M >  = P THEN 350
220  IF M <  = 0 THEN 390
230 P = P - M
240   PRINT "ICH HABE: "B" UND NEHME JETZT: "M
250   PRINT : PRINT
260 B = B + M
270   PRINT "REST: "P"  DU HAST "A", DEIN ZUG?";
280   GET M
290   PRINT M
300  IF M < 1 OR M > 4 THEN 270
310  IF M >  = P THEN 380
320 P = P - M
330 A = A + M
340   GOTO 130
350   PRINT "ICH NEHME "P
360 R(E,L) = P
370 B = B + P
380  IF B <  > 2 *  INT (B / 2) THEN 420
390   PRINT  TAB( 15)"ICH HABE DIESMAL GEWONNEN. "
400 C = C + 1
410   GOTO 80
420   PRINT  TAB( 15)"DU HAST GEWONNEN!!!"
430 S = S + 1
440  IF R(E1,L1) = 1 THEN 80
450 R(E1,L1) = R(E1,L1) - 1
460   GOTO 80
470   END
```

```
54   GERADE-UNGERADE (!)
                              ES STEHT 0:0

VORHANDENE STEINE: 19
ICH HABE: 0 UND NEHME JETZT: 4
REST: 15  DU HAST 0, DEIN ZUG?2
VORHANDENE STEINE: 13
ICH HABE: 4 UND NEHME JETZT: 4
REST: 9  DU HAST 2, DEIN ZUG?3
```

<u>Beispiel</u> 55. Dr.Z

<u>Problem/Beschreibung</u>. Ein "Gespräch" mit einem Psychiater soll durchgeführt werden.

<u>Verfahren</u>. Aus einer Liste von "Standardfragen" wird eine Folge von acht Fragen zufällig mit Hilfe der Zufallsfunktion RND(X) ausgewählt. Die (beliebigen) Antworten haben keinen Einfluß auf die Reihenfolge der weiteren Fragen.

<u>Hinweis</u>. Dieses Beispiel soll kein Angriff auf den Berufsstand der Psychiater sein, sondern auf eine fragwürdige "Anwendungsmöglichkeit" hinweisen.

<u>Aufgabe</u> 55. Erweitern Sie das Programm so, daß "kurze" Antworten im weiteren "Gespräch" (z.B. durch reine Wiederholung der Antwort) verwendet werden.

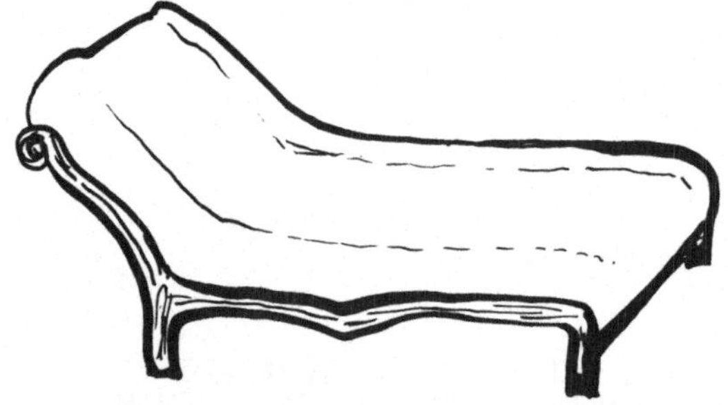

```
10    PRINT "55  DR. Z"
20    DIM A$(12)
30    PRINT
40    FOR I = O TO 11
50    READ A$(I)
60    NEXT I
70    PRINT "GUTEN TAG. ICH BIN PSYCHIATER"
80    INPUT "WIE IST DEIN NAME?";A$
90    PRINT A$",";
100    PRINT ",WIE FUEHLST DU DICH";
110    INPUT B$
120    FOR I = 1 TO 8
130    PRINT
140   Z =  INT (12 *  RND (1))
150    IF U = Z OR V = Z THEN 140
160   V = U
170   U = Z
180    PRINT A$(Z);
190    INPUT B$
200    NEXT I
210    PRINT
220    PRINT "ICH DENKE, DU MACHST GROSSE FORTSCHRITTE"
230    PRINT "BEI DER LOESUNG DEINER PROBLEME"
240    PRINT
250    PRINT "BIS ZUM NAECHSTEN MAL."
260    END
270    DATA   "ERZAEHLE MIR MEHR. "
280    DATA   "FUEHLST DU DAS SCHON LANGE"
290    DATA   "DENKST DU, DAS IST VERNUENFTIG"
300    DATA   "WUERDEN DEINE FREUNDE DAS GLAUBEN"
310    DATA   "KANNST DU DAMIT LEBEN"
320    DATA   "GLAUBST DU, DAS IST NORMAL"
330    DATA    "WAS KOENNTE DER GRUND SEIN"
340    DATA   "HAST DU SCHON DARUEBER GESPROCHEN"
350    DATA    "BIST DU MANCHMAL AENGSTLICH"
360    DATA   "BIST DU OFT UNZUFRIEDEN"
370    DATA   "SCHLAEFST DU GUT"
380    DATA   "BIST DU HAEUFIG ENTTAEUSCHT"
```

```
55  DR.Z  !
GUTEN TAG. ICH BIN PSYCHIATER
WIE IST DEIN NAME?KLAUS
KLAUS,,WIE FUEHLST DU DICH?SO LALA
SCHLAEFST DU GUT?MEISTENS
BIST DU HAEUFIG ENTTAEUSCHT?VON ZEIT ZU ZEIT
BIST DU OFT UNZUFRIEDEN?WER WEISS?
SCHLAEFST DU GUT?WIE GEHABT!
DENKST DU, DAS IST VERNUENFTIG?WARUM?
ERZAEHLE MIR MEHR.?SCHLAFEN SIE GUT?
BIST DU OFT UNZUFRIEDEN?KANN SEIN
WAS KOENNTE DER GRUND SEIN?DAS WETTER!
ICH DENKE, DU MACHST GROSSE FORTSCHRITTE
BEI DER LOESUNG DEINER PROBLEME
BIS ZUM NAECHSTEN MAL.
```

<u>Beispiel</u> 56. Stiller Teilhaber(Taxman)

<u>Problem/Beschreibung</u>. Spiel für einen Spieler gegen Computer. Bei Spielbeginn gibt der Spieler eine Zahl N < 50 an, dadurch ist ein Abschnitt 1 bis N der natürlichen Zahlen festgelegt. Spielzug: Eine Zahl aus 1 bis N wird ausgewählt; dabei muss die gewählte Zahl K noch vorhanden sein und unter den anderen noch vorhandenen Zahlen mindestens einen Teiler besitzen. Der "Stille Teilhaber(Taxman)" erhält alle Teiler von K außer K selbst. Schließlich erhält er alle noch vorhandenen Zahlen, wenn keine der Zahlen unter den verbliebenen einen Teiler hat. Gewinner ist der Spieler, wenn die Summe der gewählten Zahlen größer als die des "Stillen Teilhabers(Taxman)" ist.

<u>Verfahren</u>. Zunächst wird durch S(I)=I der Abschnitt 1 bis N erzeugt. Nach jedem Spielzug werden die Teiler von K ermittelt und die Teiler durch S(I)=0 "gelöscht". Sind keine Teiler mehr vorhanden(unzulässiger Spielzug), wird ein neues K angefordert. Das Zwischenergebnis für den Spieler und den "Stillen Teilhaber(Taxman)" wird nach jedem Zug angegeben. Ist kein zulässiger Spielzug mehr möglich, wird der Endstand für beide Parteien angegeben.

<u>Hinweis</u>. Es ist zweckmässig, das Spiel von den Teilern aus zu gestalten.

<u>Aufgabe</u> 56. Ändern Sie das Programm so ab, daß die Rollen von Spieler und "Stillem Teilhaber(Taxman)" vertauscht sind.

```
56  STILLER TEILHABER(TAXMAN)
GIB EINE ZAHL N<50 AN?10
1 2 3 4 5 6 7 8 9 10
WELCHE ZAHL NIMMST DU?10
ICH HABE JETZT 8,DU HAST 10
3 4 6 7 8 9
WELCHE ZAHL NIMMST DU?9
ICH HABE JETZT 11,DU HAST 19
4 6 7 8
WELCHE ZAHL NIMMST DU?8
ICH HABE JETZT 15,DU HAST 27
ENDE! KEINE FAKTOREN MEHR.
ENDSTAND: DU HAST 27, ICH HABE 28
```

```
10    PRINT "56   STILLER TEILHABER(TAXMAN)"
20    PRINT
30    DIM S(50)
40    PRINT "GIB EINE ZAHL N<50 AN";
50    INPUT N
60    FOR I = 1 TO N
70 S(I) = I
80    NEXT I
90 X = 0
100 Y = 0
110    FOR I = 1 TO N
120    IF S(I) = 0 THEN 140
130    PRINT I" ";
140    NEXT I
150    PRINT : PRINT
160    PRINT "WELCHE ZAHL NIMMST DU";
170    INPUT K
180    IF K < 0 OR K > N OR S(K) = 0 THEN 160
190 Z = 0
200    FOR I = 1 TO K / 2
210    IF S(I) = 0 THEN 250
220    IF K <  > I *  INT (K / I) THEN 250
230 Z = Z + I
240 S(I) = 0
250    NEXT I
260    IF Z > 0 THEN 290
270    PRINT "KEINE FAKTOREN MEHR!"
280    GOTO 150
290 S(K) = 0
300 X = X + K
310 Y = Y + Z
320    PRINT "ICH HABE JETZT "Y",DU HAST "X
330    PRINT : PRINT
340    FOR I = 2 TO N
350    IF S(I) = 0 THEN 410
360    FOR J = 1 TO I / 2
370    IF S(J) = 0 THEN 400
380    IF I <  > J *  INT (I / J) THEN 400
390    GOTO 110
400    NEXT J
410    NEXT I
420    FOR I = 1 TO N
430    IF S(I) = 0 THEN 450
440 Y = Y + I
450    NEXT I
460    PRINT "ENDE! KEINE FAKTOREN MEHR.
470    PRINT "ENDSTAND: DU HAST "X", ICH HABE "Y
480    IF X < Y THEN 40
490    PRINT "BRAVO. DU HAST GEWONNEN.
500    GOTO 40
510    END
```

<u>Beispiel</u> 57. Minimühle(TIC-TAC-TOE)

<u>Problem/Beschreibung</u>. Auf einem Spielfeld mit 3x3 Feldern
setzen zwei Spieler abwechselnd je einen Stein ihrer Farbe.
Wer zuerst drei eigene Steine in einer Reihe, Spalte oder
Diagonale setzen kann, gewinnt das Spiel. Verlauf und Ergebnis
sollen simuliert werden.

<u>Verfahren</u>. Die Zahlen 1 bis 9 werden in drei Reihen quadra-
tisch angeordnet. Als Spielzug wird eine der Zahlen 1 bis 9
eingegeben. Als "Stein" wird der Anfangsbuchstabe des für den
Spieler angegebenen Namens gesetzt. Der Spielgewinn wird mit
Nennung des Gewinners angegeben.

<u>Aufgabe</u> 57. Erweitern Sie den Spielverlauf so, daß mehrere
Partien mit Wechsel des 1.Zuges und Angabe des Spielstandes
gespielt werden können.

```
57    MINIMUEHLE(TIC-TAC-TOE)
NAME DES 1.SPIELERS, 2.SPIELERS
?RENATE,KLAUS
          1            2            3
          4            5            6
          7            8            9
SPIELER RENATE SETZT AUF ?5
          1            2            3
          4            R            6
          7            8            9
SPIELER KLAUS SETZT AUF ?1
          K            2            3
          4            R            6
          7            8            9
SPIELER RENATE SETZT AUF ?9
          K            2            3
          4            R            6
          7            8            R
SPIELER KLAUS SETZT AUF ?4
          K            2            3
          K            R            6
          7            8            R
SPIELER RENATE SETZT AUF ?7
          K            2            3
          K            R            6
          R            8            R
SPIELER KLAUS SETZT AUF ?3
          K            2            K
          K            R            6
          R            8            R
SPIELER RENATE SETZT AUF ?8
```

```
10   PRINT "57    MINIMUEHLE(TIC-TAC-TOE)"
20   PRINT
30   PRINT "NAME DES 1.SPIELERS, 2.SPIELERS"
40   INPUT A$,B$
50   GOSUB 80
60   GOTO 380
70   REM  SPIELFELD AUSGEBEN
80   HOME
90   FOR I = 1 TO 9
100  X = F(I) + 2
110  ON X GOTO 120,140,160,170
120  PRINT "              " MID$ (A$,1,1);
130  GOTO 170
140  PRINT "          "I;
150  GOTO 170
160  PRINT "              " MID$ (B$,1,1);
170  IF I <  > 3 *  INT (I / 3) THEN 190
180  PRINT : PRINT : PRINT : PRINT
190  NEXT I
200 F = 0
210  FOR I = 1 TO 3
220 S = 0
230 T = 0
240  FOR K = 1 TO 3
250  IF F(3 * (I - 1) + K) <  > 0 THEN 270
260 F = 1
270 S = S + F(3 * (I - 1) + K)
280 T = T + F(3 * (K - 1) + I)
290  NEXT K
300  FOR K = 1 TO 2
310  IF  ABS (S) = 3 OR  ABS (T) = 3 THEN 500
320 S = F(1) + F(5) + F(9)
330 T = F(3) + F(5) + F(7)
340  NEXT K
350  NEXT I
360  IF F = 0 THEN 480
370  RETURN
380 C$ = A$
390  FOR Q = 1 TO 2
400  PRINT "SPIELER "C$" SETZT AUF ";
410  INPUT C
420  IF F(C) <  > 0 OR C > 9 THEN 400
430 F(C) = 2 * Q - 3
440  GOSUB 80
450 C$ = B$
460  NEXT Q
470  GOTO 380
480  PRINT "UNENTSCHIEDEN"
490  GOTO 510
500  PRINT "SPIELER "C$" GEWINNT!"
510  PRINT "NEUES SPIEL MIT RUN"
520  END
```

<u>Beispiel</u> 58. Stecker-Spiel

<u>Problem/Beschreibung</u>. In einem quadratischen Gitter von 64
Punkten sind die beiden äußeren Reihen rundum mit 48 Steckern
besetzt. In der Mitte ist ein Feld von 16 Gitterpunkten frei.
Spielzug(1 Spieler): Ein Stecker kann über einen benachbarten
Stecker diagonal in einen unmittelbar folgenden Punkt gezogen
werden, wobei der übersprungene Stecker entfernt wird.
Spielende: Es kann keiner der restlichen Stecker mehr gezogen
werden. Ziel ist es, möglichst wenige Stecker übrig zu lassen.

<u>Verfahren</u>. Die Ausgangsstellung der "Stecker" wird auf dem
Feld A(I) erzeugt und ausgegeben. Die Spielzüge werden jeweils
durch Anforderung von Zeile/Spalte des gezogenen Steckers und
Zeile/Spalte des Zielpunktes vorgegeben. Ist der Zug zulässig,
so werden der gezogene und der übersprungene "Stecker" in der
Gitterstellung "gelöscht" und im Zielpunkt ein "Stecker" er-
zeugt. Ist kein Zug mehr möglich, so kann durch Eingabe von
  ØØ das Spielende mit der Angabe der Anzahl der restlichen
"Stecker" erzwungen werden.

<u>Hinweis</u>. Das Programm verwendet zur Vereinfachung der Eingabe
GET-Anweisungen. Falls Ihr BASIC solche GET-Eingaben nicht zuläßt, müssen Sie diese durch die gewohnten INPUT-Anweisungen
ersetzen.

<u>Aufgabe</u> 58. Erweitern Sie das Programm so, daß es sich das
jeweils letzte Spielergebnis merkt und mit dem aktuellen Ergebnis vergleicht(Version für zwei Spieler).

```
58  STECKER-SPIEL                 ZUG VON?11 NACH?33
        1 2 3 4 5 6 7 8               1 2 3 4 5 6 7 8
      1 * * * * * * * *             1   * * * * * * *
      2 * * * * * * * *             2 *   * * * * * *
      3 * *         * *             3 * * *       * *
      4 * *         * *             4 * *         * *
      5 * *         * *             5 * *         * *
      6 * *         * *             6 * *         * *
      7 * * * * * * * *             7 * * * * * * * *
      8 * * * * * * * *             8 * * * * * * * *
```

```
10    PRINT "58  STECKER-SPIEL"
20    DIM A(64)
30    FOR J = 1 TO 57 STEP 8
40    FOR J = 1 TO 64
50 A(J) = 1
60    NEXT J
70    FOR J = 19 TO 43 STEP 8
80    FOR I = J TO J + 3
90 A(I) = 0
100   NEXT I
110   NEXT J
120 M = 0
130   GOTO 310
140   PRINT "ZUG VON?";
150   GET F1,F2
160   PRINT F1;F2;
170   IF F1 = 0 THEN 520
180   PRINT " NACH?";
190   GET T1,T2
200   PRINT T1;T2;
210 F = 8 * (F1 - 1) + F2
220 T = 8 * (T1 - 1) + T2
230   IF F1 > 8 OR F2 > 8 THEN 140
240   IF T1 > 8 OR T2 > 8 THEN 180
250   IF  ABS (F1 - T1) <  > 2 THEN 290
260   IF  ABS (F2 - T2) <  > 2 THEN 290
270   IF A((T + F) / 2) = 0 THEN 290
280   IF A(T) = 0 AND A(F) = 1 THEN 310
290   PRINT "   FALSCHER ZUG!"
300   GOTO 140
310 A(T) = 1
320 A(F) = 0
330 A((T + F) / 2) = 0
340 M = M + 1
350   HOME
360   PRINT  TAB( 13)"1 2 3 4 5 6 7 8"
370   PRINT
380   FOR J = 0 TO 7
390   PRINT  TAB( 10)J + 1"  ";
400 K = 8 * J + 1
410   FOR I = K TO K + 7
420   ON A(I) + 1 GOTO 430,450
430   PRINT "  ";
440   GOTO 460        520 S = 0
450   PRINT "* ";     530   FOR I = 1 TO 64
460   NEXT I          540 S = S + A(I)
470   PRINT           550   NEXT I
480   PRINT           560   PRINT "DU HAST "M"ZUEGE GEMACHT"
490   NEXT J          570   PRINT "ES BLEIBEN "S" STECKER UEBRIG!"
500   PRINT           580   PRINT
510   GOTO 140        590   PRINT "NEUES SPIEL MIT RUN"
```

<u>Beispiel</u> 59. AWARI

<u>Problem/Beschreibung</u>. Dieses alte afrikanische Spiel beginnt
mit der folgenden Ausgangssituation für zwei Spieler

$$3-3-3-3-3-3$$
$$0 \qquad\qquad 0$$
$$3-3-3-3-3-3$$

Die mittleren sechs Positionen(anfangs mit je 3 Steinen)
werden von links nach rechts von 1 bis sechs durchnumeriert.
Die beiden Außenpositionen(anfangs mit 0 Steinen) haben eine
Doppelfunktion: Sie verbinden die obere und untere Stein-
reihe, zugleich ist die rechte Außenposition das Ergebnisfeld
für den 1.Spieler, die linke für den 2.Spieler.
Spielzug: Eine Position von 1 bis 6 wird angegeben. Die eigenen Steine dieser Position werden gegen den Uhrzeigersinn
(oben nach links, unten nach rechts) mit je einem Stein auf
die folgenden Positionen übertragen. Landet der letzte Stein
im eigenen Ergebnisfeld, so darf der Spieler erneut ziehen,
sonst ist der andere Spieler am Zug. Landet der letzte Stein
jedoch in einem leeren Feld der Position 1 bis 6, so werden
für den Fall, daß das gegenüberliegende Feld nicht leer ist,
alle Steine dieser Position ins eigene Ergebnisfeld übertragen. Hat ein Spieler mehr als 18 Steine von den insgesamt
36 Steinen in seinem Ergebnisfeld, so hat er gewonnen.

<u>Verfahren</u>. Das Spielfeld wird im Feld B(I) aufgebaut. B($\emptyset$)
ist die Spielposition 6 oben. Dann im Gegenuhrzeigersinn bis
B(13) als Ergebnisfeld(1.Spieler), B(6) ist das Ergebnisfeld
des 2.Spielers. Als Spielzug wird die Eingabe einer Zahl von
1 bis 6 angefordert und gemäß den obigen Spielregeln ausgewertet. Das jeweilige Ergebnis wird als neues Spielfeld ausgegeben. Erreicht einer der beiden Spieler mehr als 18 Steine
in seinem Ergebnisfeld, so wird sein Spielerfolg gemeldet.

<u>Hinweis</u>. Falls Ihr BASIC keine GET-Anweisung zur Eingabe der
Position A zuläßt, ändern Sie Anweisung 100 in eine INPUT-
Anweisung um.

<u>Aufgabe</u> 59. Erweitern Sie das Programm so, daß der Rechner
als Gegenspieler mit eigener "Strategie" spielen kann.

```
10    PRINT "59  AWARI"
20    DIM B(13),G(13)
30    FOR I = 0 TO 13
40  B(I) = 3
50    NEXT I
60  B(6) = 0:B(13) = 0
70    GOSUB 390
80    FOR S = 1 TO 2
90    PRINT  TAB( 28)S".SPIELER"
100   GET A$:A =  VAL (A$)
110   IF A < 1 OR A > 6 THEN 90
120   IF S = 2 THEN 160
130 A = A - 1
140 H = 6
150   GOTO 190
160 A = 13 - A
170 H = 13
180   PRINT  TAB( 4 *  VAL (A$))"*"
190   IF B(A) = 0 THEN 370
200 P = A
210 A = A + 1
220   IF A < 14 THEN 240
230 A = A - 14
240 B(A) = B(A) + 1
250 B(P) = B(P) - 1
260   IF B(P) > 0 THEN 210
270   IF B(A) > 1 OR A = H THEN 310
280   IF B(12 - A) = 0 THEN 310
290 B(H) = B(H) + B(12 - A) + 1
300 B(A) = 0:B(12 - A) = 0
310   GOSUB 390
320   IF S = 2 THEN 340
330   PRINT  TAB( 4 *  VAL (A$))"*"
340   PRINT : PRINT
350   IF B(H) > 18 THEN 490
360   IF A = H THEN 90
370   NEXT S
380   GOTO 80
390   FOR I = 0 TO 5
400   PRINT "   "B(12 - I);
410   NEXT I
420   PRINT
430   PRINT  TAB( 2)B(13) TAB( 26)B(6)
440   FOR I = 0 TO 5
450   PRINT " "B(I);
460   NEXT I
470   PRINT
480   RETURN
490   PRINT "ES GEWINNT SPIELER "S
500   END
```

```
59  AWARI
      3    3    3    3    3    3
  0                                 0
      3    3    3    3    3    3
                                      1.SPIELER
      3    3    3    3    3    3
  0                                 1
      3    3    3    0    4    4
                       *
                                      1.SPIELER
      3    3    3    0    3    3
  0                                 5
      0    4    4    0    4    4
      *
```

Beispiel 60. Radioaktive Chips

Problem/Beschreibung. Der Vorgang des radioaktiven Zerfalls
wird in einer Spielsituation verwendet. Zu Beginn des Spieles
existieren 128.000 radioaktive Chips. Der Spieler bekommt ein
Anfangskapital von 1000 DM.
Wegen der angenommenen Halbwertszeit von 10 Minuten halbiert
sich die Anzahl der vorhandenen Chips in 10 Minuten. Das Programm wählt fortlaufend in einem 10-Minuten-Intervall einen
Zeitpunkt T zufällig aus. Zu diesem Zeitpunkt soll der Spieler
die Anzahl der noch vorhandenen Chips "schätzen". Dabei darf
er noch eine Chance A wählen.
A = 2 bedeutet, der Schätzfehler darf maximal 20 Prozent be-
       tragen, bei Gewinn verdoppelt sich das Spielkapital.
A = 4 bedeutet, der Schätzfehler darf maximal 10 Prozent be-
       tragen, bei Gewinn verdreifacht sich das Spielkapital.
A = 8 bedeutet, der Schätzfehler darf maximal 5 Prozent be-
       tragen, bei Gewinn verfünffacht sich das Spielkapital.
"Verschätzt" sich der Spieler, so wird sein Kapital in allen
Fällen halbiert.
Überschreitet der Spieler 200.000 DM, so wird angegeben, daß
er die Bank "sprengen" kann, die mit 999.000 DM beginnt.

Verfahren. Der radioaktive "Zerfall" der Chips wird mit
der Exponentialfunktion simuliert. Der zufällige Zeitpunkt in
einem 10-Minuten-Intervall wird mit Hilfe der Zufallsfunktion
von BASIC bestimmt.

Aufgabe 60. Man ändere die Spielparameter wie Halbwertszeit,
Chancen/Schätzintervalle im Programm ab.
Liste der verwendeten Platzhalter:
A : Eingabe der gewählten Chance (2,4,8)
B : Anzahl der 10-Minuten-Intervalle
D : Anzahl der Chips zum Zeitpunkt T
G : Eingabe der geschätzten Anzahl vorhandener Chips
T : Zufälliger Zeitpunkt in einem 10-Minuten-Intervall
Y : Spielerkapital in DM

```
10   PRINT "60  RADIOAKTIVE CHIPS"
20   PRINT "128.000 CHIPS, HALBWERTSZEIT 10MIN. "
30   PRINT
40 B = 0
50 Y = 1000
60 T = 10 * B
70 B = B + 1
80   PRINT
90   PRINT "DEIN KTO.  BANK    T(MIN) CHANCE(2,4,8)"
100 T = T +  INT (100 *  RND (1)) / 10
110 D =  INT (128000 *  EXP ( - 0.0693 * T))
120  IF D = 0 THEN 370
130  PRINT Y TAB( 12)1E6 - Y TAB( 20)T TAB( 28);
140  GET A
150  PRINT A
160  IF A <  > 2 AND A <  > 4 AND A <  > 8 THEN 140
170  PRINT  TAB( 10)"WIEVIEL CHIPS EXISTIEREN";
180  INPUT G
190  PRINT
200  PRINT  TAB( 20)"VORHANDEN SIND:"D
210  IF  ABS (D - G) <  = 0.4 / A * D THEN 260
220 Y =  INT (Y - Y / 2)
230  IF Y <  = 50 THEN 330
240  PRINT "DAS WAR NICHTS. NEUER VERSUCH"
250  GOTO 60
260 Y =  INT (Y + A * Y / 2)
270  IF 1E6 - Y < 1 THEN 310
280  IF Y > 2E5 THEN 350
290  PRINT "TREFFER " INT (1000 * (G - D) / D + 0.5) / 10" %"
300  GOTO 60
310  PRINT "DU HAST DIE BANK GESPRENGT!!"
320  GOTO 30
330  PRINT "DU HAST LEIDER VERLOREN"
340  GOTO 30
350  PRINT "DU KANNST DIE BANK SPRENGEN!"
360  GOTO 60
370  PRINT "DER LETZTE CHIP IST HIN. "
380  GOTO 30
390  END


60  RADIOAKTIVE CHIPS  !
128.000 CHIPS, HALBWERTSZEIT 10MIN.
DEIN KTO.  BANK    T(MIN) CHANCE(2,4,8)
1000        999000  8.3      4
        WIEVIEL CHIPS EXISTIEREN?70000
                    VORHANDEN SIND:72012
TREFFER -2.8 %
DEIN KTO.  BANK    T(MIN) CHANCE(2,4,8)
3000        997000  10.3      8
        WIEVIEL CHIPS EXISTIEREN?64000
                    VORHANDEN SIND:62692
TREFFER 2.1 %
DEIN KTO.  BANK    T(MIN) CHANCE(2,4,8)
15000        985000  23.9      2
```

<u>Beispiel</u> 61. Mondlandung

<u>Problem/Beschreibung</u>. Der Anflug einer Mondfähre an die Mondoberfläche durch Handsteuerung soll simuliert werden.

<u>Verfahren</u>. Ausgangswerte für den Anflug sind
Entfernung A = 192 km, Geschwindigkeit V = 1600 m/sec,
Gesamtgewicht M = 33 t, davon 15,5 t Kapselgewicht und 17,5 t Treibstoff.
Die Mondanziehung wird mit G = 1.6 m/sec^2 als konstant angenommen. Die Austrittsgeschwindigkeit des Treibmittels relativ zur Fähre wird mit Z = 2880 m/sec angesetzt.
Zur Steuerung der Fähre können folgende "Bremswerte" vorgegeben werden: Bremsrate K in Liter/sec und Bremszeit T in sec. Aus der jeweils angegebenen Bremsrate und der Bremszeit wird die Position der Fähre aus den Bewegungsgleichungen unter Beachtung der Impulserhaltung und der veränderten Masse der Fähre bestimmt. Beim Erreichen der Mondoberfläche wird die Qualität der Landung in Abhängigkeit von der Aufprallgeschwindigkeit kommentiert.

<u>Aufgabe</u> 61. Erweitern Sie das Landeprogramm so, daß die Ausgangswerte für den Anflug frei vorgegeben werden können.

<u>Hinweis</u>. Die Bremsrate sollte aus technischen Gründen nicht größer als etwa 300 1/sec betragen. Sie darf natürlich auch Null betragen(freier Fall).
Liste wesentlicher <u>Platzhalter</u>:
A : Höhe(alt) über Mondoberfläche
I : Höhe(neu) über Mondoberfläche
J : Geschwindigkeit(neu)
L : Zeit(sec) nach Beginn
M : Gesamtgewicht der Kapsel
N : Gewicht Kapsel ohne Brennstoff
S : Zeitintervall(sec)
V : Geschwindigkeit(alt)

```
61   MONDLANDUNG
ZEIT   HOEHE      V  BRENNSTOFF SCHUB? T?
SEC    METER    KM/H    LITER   L/SEC   SEC
0     192000    5759    17500    ?0,150
LANDUNG NACH 113.552873 SEC MIT 6414 KM/H
KNALLHARTE LANDUNG OHNE UEBERLEBENDE.
DER NEUE MONDKRATER IST 97 METER TIEF!!
```

```
61   MONDLANDUNG
ZEIT    HOEHE      V  BRENNSTOFF SCHUB? T?
SEC     METER    KM/H    LITER   L/SEC   SEC
0      192000    5759    17500    ?0,80
80      58880    6220    17500    ?300,40
120     12559    1765     5500    ?200,5
125     10436    1287     4500    ?0,10
135      6779    1345     4500    ?200,10
145      4452     310     2500    ?100,5
150      4202      47     2000    ?100,3
153      4229    -115     1700    ?0,70
223      2536     288     1700    ?100,5
228      2326      11     1200    ?0,35
263      1233     213     1200    ?100,2
265      1146      99     1000    ?0,20
285       271     215     1000    ?100,2
287       183     100      800    ?50,2
289       142      47      700    ?0,5
294        56      76      700    ?50,2
296        28      23      600    ?30,5
301        42     -45      450    ?0,15
316        46      42      450    ?25,2
318        29      21      400    ?20,5
323        25     -16      300    ?0,5
328        26      13      300    ?15,1
329        23       9      285    ?0,5
LANDUNG NACH 333.092914 SEC MIT 32 KM/H
HARTE LANDUNG, AUF RETTUNG WARTEN.
```

```
10    PRINT "61   MONDLANDUNG"
20    PRINT
30    READ A,V,M,N,G,Z,L
40    PRINT "ZEIT" TAB( 7)"HOEHE" TAB( 17)"V";
50    PRINT  TAB( 20)"BRENNSTOFF" TAB( 31)"SCHUB?" TAB( 38)"T?"
60    PRINT "SEC" TAB( 7)"METER" TAB( 15)"KM/H";
70    PRINT  TAB( 23)"LITER" TAB( 30)"L/SEC" TAB( 37)"SEC"
80    PRINT  INT (L + 0.5) TAB( 6) INT (A) TAB( 15) INT (3.6 * V);
90    PRINT  TAB( 23) INT (M - N) TAB( 31);
100   INPUT K,T: REM  BRENNRATE, BRENNZEIT
110   IF M - N > 0.001 THEN 350
120   REM  LANDUNG:
130   PRINT "BRENNSTOFF ZU ENDE NACH ";L" SEC"
140 S = ( - V +  SQR (V * V + 2 * A * G)) / G
150 V = V + G * S
160 L = L + S
170 W = 3.6 * V
180   PRINT
190   PRINT "LANDUNG NACH "L" SEC MIT " INT (W)" KM/H"
200   IF W > 3.5 THEN 220
210   PRINT "BRAVO. WIE EIN SCHMETTERLING!"
220   IF W > 8 THEN 250
230   PRINT "WEICHE LANDUNG. MR.SPOCK GRATULIERT!"
240   GOTO 340
250   IF W > 16 THEN 280
260   PRINT "LANDUNG HART, ABER AKZEPTABEL. "
270   GOTO 340
280   IF W > 60 THEN 310
290   PRINT "HARTE LANDUNG, AUF RETTUNG WARTEN. "
300   GOTO 340
310   PRINT "KNALLHARTE LANDUNG OHNE UEBERLEBENDE. "
320   PRINT "DER NEUE MONDKRATER IST ";
330   PRINT  INT ( SQR (W * (N + M) / M))" METER TIEF!!"
340   RESTORE : GOTO 20
350   IF T < 0.001 THEN 80: REM  ZEITENDE
360 S = T
370   IF M >  = N + S * K THEN 390
380 S = (M - N) / K
390   GOSUB 590: REM    BEWEGUNGS-GL.
400   IF I <  = 0 THEN 450: REM  NEUE HOEHE
410   IF V <  = 0 THEN 430: REM   ALTE GSCHWDG.
420   IF J < 0 THEN 510: REM  NEUE GESCHWDG.
430   GOSUB 660: REM   DATEN AENDERN
440   GOTO 110
450   IF S < 0.005 THEN 170
460 D = V +  SQR (V * V + 2 * A * (G - Z * K / M))
470 S = 2 * A / D
480   GOSUB 590
490   GOSUB 660
500   GOTO 450
```

```
510 W = (1 - M * G / (Z * K)) / 2
520 S = M * V / (Z * K * (W +  SQR (W * W + V / Z))) + 0.005
530  GOSUB 660
540 S = T
550  IF I <  = 0 THEN 450
560  GOSUB 660
570  IF J > 0 OR V <  = 0 THEN 110
580  IF V > 0 THEN 510
590 Q = S * K / M
600 J = V + G * S + Z *  LOG (1 - Q)
610 B = A
620  IF Q < 0.0001 THEN 640
630 B = A + S * Z / Q * ((1 - Q) *  LOG (1 - Q) + Q)
640 I = B - V * S - G * S * S / 2
650  RETURN
660 L = L + S
670 T = T - S
680 M = M - S * K
690 A = I
700 V = J
710  RETURN
720  DATA 192000,1600,33000,15500
730  DATA 1.6,2880,0
740  END
```

61 MONDLANDUNG

ZEIT	HOEHE	V	BRENNSTOFF	SCHUB?	T?
SEC	METER	KM/H	LITER	L/SEC	SEC
0	192000	5759	17500	?0,80	
80	58880	6220	17500	?300,40	
120	12559	1765	5500	?200,5	
125	10436	1287	4500	?0,10	
135	6779	1345	4500	?200,5	
140	5256	842	3500	?0,10	
150	2836	900	3500	?200,5	
155	1951	368	2500	?0,10	
165	848	425	2500	?100,5	
170	438	162	2000	?0,5	
175	192	191	2000	?50,2	
177	99	143	1900	?75,1	
178	64	104	1825	?85,1	
179	42	59	1740	?75,1	
180	31	19	1665	?15,3	
183	18	9	1620	?12,1	
184	16	8	1608	?10,6	
190	3	6	1548	?12,1	
191	1	5	1536	?15,1	
192	1	1	1521	?11,1	
193	0	0	1510	?5,1	
194	0	3	1505	?8,1	

LANDUNG NACH 194.119947 SEC MIT 3 KM/H
WEICHE LANDUNG. MR.SPOCK GRATULIERT!

61 MONDLANDUNG

ZEIT	HOEHE	V	BRENNSTOFF	SCHUB?	T?
SEC	METER	KM/H	LITER	L/SEC	SEC
0	192000	5759	17500	?0,85.3	
85	49699	6251	17500	?300,51	
136	87	86	2200	?40,2.5	
139	42	42	2100	?20,5	
144	5	11	2000	?15,2	
146	0	5	1970	?15,1	

LANDUNG NACH 146.154936 SEC MIT 4 KM/H
WEICHE LANDUNG. MR.SPOCK GRATULIERT!

<u>Beispiel</u> 62. Hangman

<u>Problem/Beschreibung</u>. Ein zusammenhängendes Wort soll von
einem Spieler erraten werden. Am Anfang wird für jeden Buchstaben des Wortes ein Strich(_) vorgegeben. Dann darf jeweils
ein Buchstabe genannt werden. Gibt es den genannten Buchstaben
in dem gesuchten Wort, so wird er an den betreffenden Stellen
eingesetzt. Ist er jedoch nicht vorhanden, so wird ein Stück
vom "Hangman" gezeichnet. Kann der Spieler das gesamte Wort
nicht erraten, bevor der ganze Hangman gezeichnet ist, so
gilt er als "aufgehängt" und hat das Spiel verloren.

<u>Verfahren</u>. Aus einem DATA-Wortvorrat wird das zu findende
Wort mit Hilfe der RND(X)-Funktion zufällig ausgewählt(Z$).
Nach Ausgabe einer Strichfolge A$ von der Länge LEN(Z$) des
Wortes Z$ wird jeweils ein Buchstabe durch GET S$ abgefragt.
Falls der Buchstabe in Z$ vorkommt, wird der Buchstabe in die
Strichfolge A$ mittels B$ eingesetzt und angegeben. Kommt der
Buchstabe in Z$ nicht vor, so wird ein Teil des "Hangman" ge-
druckt. Nach acht Fehlversuchen verliert der Spieler mit der
Meldung: "GEHENKT!"

<u>Aufgabe</u> 62. Ändern Sie das Programm so ab, daß der Hangman
statt von unten dann von oben "gehenkt" wird.

```
-- --- --- --- --- ---
WELCHER BUCHSTABE? X
**********
I
I          I
I          O
I        <+I+>
I          I
I          I
I         I I
I        <   >
I        -   -
I
*************
GEHENKT!
```

```
10   PRINT "62  HANGMAN"
20   PRINT
30 N =  INT (25 *  RND (1)) + 1
40   FOR I = 1 TO N
50   READ Z$
60   NEXT I
70 M = 0
80 A$ = "----------------------"
90   PRINT "GESUCHT WIRD";
100 A$ =  LEFT$ (A$, LEN (Z$))
110   PRINT A$
120   PRINT : PRINT
130   PRINT "WELCHER BUCHSTABE? ";
140   GET S$
150   PRINT S$
160 B$ = ""
170 R = 0
180   FOR I = 1 TO  LEN (Z$)
190   IF S$ =  MID$ (Z$,I,1) THEN 220
200 B$ = B$ +  MID$ (A$,I,1)
210   GOTO 240
220 B$ = B$ + S$
230 R = 1
240   NEXT I
250 A$ = B$
260   IF R > 0 THEN 460
270 M = M + 1
280   PRINT "*********"
290   FOR I = 1 TO 7 - M
300   PRINT "I"
310   NEXT I
320   ON M GOTO 400,390,380,370,360,350,340,330
330   PRINT "I           I"
340   PRINT "I           O"
350   PRINT "I       <+I+>"
360   PRINT "I           I"
370   PRINT "I           I"
380   PRINT "I         I I"
390   PRINT "I        <   >"
400   PRINT "I       -     -"
410   PRINT "I"
420   PRINT "***************"
430   IF M < 8 THEN 460
440   PRINT "GEHENKT!"
450   GOTO 490
460   PRINT A$
470   IF A$ <  > Z$ THEN 120
480   PRINT "PRIMA!!"
490   RESTORE
500   GOTO 20
520  DATA  HOSENMATZ,KARTOFFELSALAT,HECKENSCHERE,BADEHOSE,KEHRBESEN,HANDKU
RBEL,OFENROHR,HASENSTALL,ROSENBEET,SONNENSCHIRM,SOFAKISSEN,AUTODACH,K
UCHENBLECH
530  DATA HAFENMOLE,GABELSTAPLER,GEWERBESTEUER,RIESENSCHLANGE,HONIGSCHLEUD
ER,APFELTORTE,STERNENKARTE,KERZENLEUCHTER,BODENSEEDAMPFER,TISCHPLATTE
,GARTENZAUN,BILDERGALERIE
540  END
```

```
62  HANGMAN  !
GESUCHT WIRD
-----------
WELCHER BUCHSTABE? E
----------E---E-
WELCHER BUCHSTABE? K
*********
I
I
I
I
I
I
I      -     -
I
**************
----------E---E-
WELCHER BUCHSTABE? N
--N-------E---E-
WELCHER BUCHSTABE? S
--N--S----E---E-
WELCHER BUCHSTABE? L
--N--S--LE---E-
WELCHER BUCHSTABE? M
**********
I
I
I
I
I
I        <    >
I        -     -
I
***************
--N--S--LE---E-
WELCHER BUCHSTABE? H
H-N--S-HLE---E-
WELCHER BUCHSTABE? I
H-NI-S-HLE---E-
WELCHER BUCHSTABE? G
H-NIGS-HLE---E-
WELCHER BUCHSTABE? O
HONIGS-HLE---E-
WELCHER BUCHSTABE? C
HONIGSCHLE---E-
WELCHER BUCHSTABE? U
HONIGSCHLEU-E-
WELCHER BUCHSTABE? D
HONIGSCHLEUDE-
WELCHER BUCHSTABE? R
HONIGSCHLEUDER
PRIMA!!
```

```
GESUCHT WIRD
----------
WELCHER BUCHSTABE? E
--------E-
WELCHER BUCHSTABE? A
---A----E-
WELCHER BUCHSTABE? H
*********
I
I
I
I
I
I      -     -
I
*************
---A----E-
WELCHER BUCHSTABE? K
---AK---E-
WELCHER BUCHSTABE? R
*********
I
I
I
I
I
I        <    >
I        -     -
I
**************
---AK---E-
WELCHER BUCHSTABE? S
S--AK-SSE-
WELCHER BUCHSTABE? N
S--AK-SSEN
WELCHER BUCHSTABE? G
*********
I
I
I
I
I        I  I
I        <    >
I        -     -
I
***************
S--AK-SSEN
WELCHER BUCHSTABE? O
SO-AK-SSEN
WELCHER BUCHSTABE? F
SOFAK-SSEN
WELCHER BUCHSTABE? I
SOFAKISSEN
PRIMA!!
```

<u>Beispiel</u> 63. Acht-Damen-Problem

<u>Problem/Beschreibung</u>. Auf einem normalen Schachbrett mit 8x8
Feldern sollen acht Damen so plaziert werden, daß keine der
acht Damen eine andere "bedroht".

<u>Verfahren</u>. Alle Möglichkeiten einer "Friedensstellung" für
acht Damen werden durch systematisches Probieren ermittelt.
Es dürfen dann keine zwei Damen in einer Reihe, Spalte oder
Diagonale des Schachbrettes stehen. Wir beginnen mit Dame 1
in Reihe 1, Spalte 1. Die Dame 2 wird in Reihe 2 von links
nach rechts geschoben, bis keine Bedrohung mehr vorliegt. Es
folgt Dame 3 usw. bis kein unbedrohtes Feld (in der Reihe)
mehr vorliegt. Jetzt muß die vorhergehende Dame weiter vor-
rücken(falls noch möglich, sonst die vorvorherige usw.), bis
erstmals acht Damen plaziert sind. Nach Ausgabe der Stellung
wird die Dame 8 entfernt und Dame 7 rückt weiter vor (falls
möglich, sonst Dame 6 usw.). Das "Vorwärts-Rückwärts-Verfah-
ren" ist beendet, wenn Dame 1 über Spalte 8 hinausgerückt
werden müßte.

<u>Hinweis</u>. Es gibt 92 Lösungen, die bereits 1850 von Nauck ange-
geben wurden, während Gauß nur 72 Lösungen fand. Es gibt aber
nur 12 verschiedene Lösungen, die nicht durch Drehung oder
Spiegelung des Brettes in sich übergehen.

<u>Aufgabe</u> 63. Versuchen Sie, durch Verwendung zweier FOR-
Schleifen das Programm zu "verbessern".

Liste der verwendeten <u>Platzhalter</u>:

F(I) : Position der acht Damen
      z.B. F(2)=3 (Dame 2 steht in Spalte 3)

I   : Reihe

K   : Spalte

Z   : Nummer der jeweiligen Lösung

```
10   PRINT "63   ACHT-DAMEN-PROBLEM"
20   PRINT
30 Z = 0
40 I = 1
50 F(I) = 1
60 K = 0
70 K = K + 1
80   IF K > I - 1 THEN 110
90   IF F(I) = F(K) OR  ABS (F(I) - F(K)) = I - K THEN 280
100   GOTO 70
110 I = I + 1
120   IF I < 9 THEN 50
130 I = 8
140 Z = Z + 1
150   PRINT  TAB( 10)Z".LOESUNG"
160   FOR K = 1 TO 8
170   PRINT  TAB( 8);
180   FOR L = 1 TO 8
190   IF F(K) = L THEN 220
200   PRINT " *";
210   GOTO 230
220   PRINT " D";
230   NEXT L
240   PRINT
250   PRINT
260   NEXT K
270 I = I - 1
280 F(I) = F(I) + 1
290   IF F(I) <  = 8 THEN 60
300 I = I - 1
310   IF I <  > 0 THEN 280
320   END
```

```
63   ACHT-DAMEN-PROBLEM
        1.LOESUNG                      91.LOESUNG
        D * * * * * * *                 * * * * * * * D
        * * * * D * * *                 * * D * * * * *
        * * * * * * * D                 D * * * * * * *
        * * * * * D * *                 * * * * D * * *
        * * D * * * * *                 * D * * * * * *
        * * * * * * D *                 * * * * D * * *
        * D * * * * * *                 * * * * * * D *
        * * * D * * * *                 * * * D * * * *
        2.LOESUNG                      92.LOESUNG
        D * * * * * * *                 * * * * * * * D
        * * * * * D * *                 * * * D * * * *
        * * * * * * * D                 D * * * * * * *
        * * D * * * * *                 * * D * * * * *
        * * * * * * D *                 * * * * D * * *
        * * * D * * * *                 * D * * * * * *
        * D * * * * * *                 * * * * * * D *
        * * * * D * * *                 * * * D * * * *
```

Beispiel 64. Mustererzeugung

Problem/Beschreibung. Ein 'quadratisches' Zeichenmuster soll
aus verschiedenen Frequenzen und Amplituden erzeugt werden.

Verfahren. Nach Anforderung zweier Frequenzen F1, F2 und
zweier Amplituden A1, A2 sowie einer "Kombinationszahl" A3
werden mit Hilfe der Standardfunktion SIN(X) zwei Sinuskurven
additiv und multiplikativ(Kopplungsfaktor A3) überlagert. Das
entstehende Zeichenmuster wird mit der wählbaren Anzahl Q von
Zeichen pro Zeile erzeugt und ausgegeben.

Aufgabe 64.   Ändern Sie das Programm so ab, daß das erzeugte
Muster statt innerhalb eines Quadrates in einem Kreis vom
Durchmesser D angegeben wird.

```
64   MUSTERERZEUGUNG
ZEICHEN PRO ZEILE?29
FREQUENZ1, AMPLITIDE1?4,1
FREQUENZ2, AMPLITUDE2?0,1
KOPPLUNGSFAKTOR?0
        $$$$$$$$        ++++++++
        $$$$$$$         +++++++
        $$$$$$          ++++++
        $$$$$$          ++++++
        $$$$$           +++++
+            $$$$$       +++++            $
++           $$$$$       +++++           $$
·+++          $$$$       ++++          $$$$
+++++          $$$        +++         $$$$$
+++++++        $$$        +++        $$$$$$$
++++++++        $$$ +++        $$$$$$$$
++++++++++       $$ ++   ·$$$$$$$$$$$
++++++++++++      $$ ++   $$$$$$$$$$$$
       ++++++++++ $ + $$$$$$$$$
          ++++       $$$$
          $$$$       ++++
       $$$$$$$$ + $ ++++++++
$$$$$$$$$$$$$   ++ $$   ++++++++++++
$$$$$$$$$$$     ++ $$   ++++++++++++
$$$$$$$$      +++ $$$      ++++++++
$$$$$$$       +++    $$$     +++++++
$$$$$         +++    $$$       +++++
$$$$          ++++   $$$$         ++++
$$          +++++    $$$$$          ++
$           +++++    $$$$$           +
           +++++        $$$$$
           ++++++       $$$$$$
           ++++++       $$$$$$
          +++++++       $$$$$$$
          ++++++++      $$$$$$$$
```

```
64   MUSTERERZEUGUNG
ZEICHEN PRO ZEILE?19
FREQUENZ1, AMPLITIDE1?0,1
FREQUENZ2, AMPLITUDE2?2,5
KOPPLUNGSFAKTOR?0
$××××$$              $$××××$
×××$$     +++++     $$×××
××$     ++########++     $××
×$    ++############++    $×
×$  +#####+++++++#####+  $×
$    +##++       ++##+    $
$   +##++   $$$   ++##+   $
      +##+ $$××××$$ +##+
     +##+  $×××××$   +##+
     +##+ $××$$$××$  +##+
     +##+ $××$ $××$  +##+
     +##+ $××$$$××$  +##+
     +##+  $×××××$   +##+
      +##+ $$××××$$ +##+
$    +##++   $$$   ++##+    $
$   +##++         ++##+   $
×$  +#####+++++++#####+  $×
×$   ++############++   $×
××$     ++########++     $××
×××$$     +++++     $$×××
$××××$$              $$××××$
```

```
10   PRINT "64  MUSTERERZEUGUNG"
20   PRINT
30 C$ = "#+  $*"
40   INPUT "ZEICHEN PRO ZEILE?";Q
50 Q =  INT (Q / 2 + 0.5)
60   INPUT "FREQUENZ1, AMPLITIDE1?";F1,A1
70   INPUT "FREQUENZ2, AMPLITUDE2?";F2,A2
80   INPUT "KOPPLUNGSFAKTOR?";A3
90   HOME
100 A = A1 + A2 + A3
110 A1 = 3 * A1 / A
120 A2 = 3 * A2 / A
130 A3 = 3 * A3 / A
140  FOR Y = Q TO  - Q STEP  - 1
150 Y2 = Y * Y
160 X1 = Q
170 X2 =  - Q
180 X3 =  - 1
190  FOR X = X1 TO X2 STEP X3
200 R =  SQR (X * X + Y2) / Q
210  IF X <  > 0 THEN 240
220 Z = 3.1416 *  SGN (Y) / 2
230  GOTO 270
240 Z =  ATN (Y / X)
250  IF X > 0 THEN 270
260 Z = Z + 3.1416
270 G1 =  SIN (F1 * Z)
280 G2 =  SIN (F2 * R * 3.1416)
290 I =  INT (A1 * G1 + A2 * G2 + A3 * G1 * G2 + 3) + 1
300  IF X3 = 1 THEN 360
310  IF I = 3 OR I = 4 THEN 370
320 X1 =  - Q
330 X2 = X
340 X3 = 1
350  GOTO 190
360  PRINT  MID$ (C$,I,1);
370  NEXT X
380  PRINT
390  NEXT Y
400  END
```

```
64   MUSTERERZEUGUNG
ZEICHEN PRO ZEILE?15
FREQUENZ1, AMPLITIDE1?1,1
FREQUENZ2, AMPLITUDE2?1,1
KOPPLUNGSFAKTOR?0
        $$$$$$$
       $$$***$$$
      $$*********$$
     $$***********$$
     $$************$$
     $$***********$$
     $$************$$
     $$$$$$*$$$$$$$
      $$$$     $$$$
       $$         $$
  +                   +
  ++                 ++
  ++++             ++++
  ##+++++       +++++##
  ####++++++++++++++####
```

<u>Beispiel</u> 65. Türme von HANOI

<u>Problem/Beschreibung</u>. Die Umsetzung der "Türme von HANOI" soll simuliert werden. Zu Anfang befindet sich ein "Turm" aus N "Scheiben" auf der Position 1. Jede Scheibe hat einen geringeren Durchmesser als die unter ihr liegende(Verjüngung nach oben). Der gesamte Turm soll auf Position 2 wieder vollständig aufgebaut werden. Bei der Umsetzung dürfen jedoch nur Scheiben auf einer Position 3 zusätzlich abgelegt werden. Hauptbedingung ist jedoch, daß eine kleinere Scheibe stets nur über einer größeren liegen darf. Mehrfacher Transport ist erlaubt.

<u>Verfahren</u>. Nach Vorgabe der Anzahl N der Scheiben werden die Scheiben auf den drei Positionen mit den Zahlen 1 bis N dargestellt. Dabei ist N die größte, 1 die kleinste Scheibe. Jetzt wird folgendermaßen vorgegangen: N-1 Scheiben werden (unter Beachtung der Größer-Kleiner-Bedingung) nach Position 3 gebracht, danach wird die Scheibe N nach Position 2 gebracht und der Turm auf Position 3 (N-1 Scheiben) auf Position 2 umgesetzt. Die Aufgabe mit N Scheiben ist also auf eine Aufgabe mit N-1 Scheiben (von Position 1 nach 3 und dann von 3 nach 2) zurückgeführt worden. Das Problem mit N-1 Scheiben läßt sich nun auf ein solches mit N-2 Scheiben usw. zurückführen, bis schließlich N=1 ist. BASIC ist für ein solches rekursives Vorgehen nicht gut geeignet, die nebenstehende Lösung ist daher etwas aufwendiger.

<u>Hinweis</u>. Es sind für N Scheiben $2^N - 1$ Umsetzungen nötig, d.h. für N=10 Scheiben 1023 Umsetzungen.
Um die Darstellung der Scheibensituation nach einer Umsetzung besser beobachten zu können, wird in Zeilennummer 620 eine "Warteschleife" begonnen, die die Ausgabe zum "Stehen" bringt. Die Warteschleife kann variiert oder ganz unterdrückt werden.

<u>Aufgabe</u> 65. Ändern Sie das Programm so ab, daß nur jede P-te Umsetzung angegeben wird.

```basic
10   PRINT "65  TUERME VON HANOI"
20   PRINT
30   INPUT "WIEVIEL SCHEIBEN?";N
40   DIM A(N,3)
50   DIM T(N,3)
60   DIM R(N,3)
70 A$ = "################"
80 A(1,0) = N
90 A(1,1) = 1
100 A(1,2) = 2
110 A(1,3) = 3
120  FOR I = 1 TO N
130 T(I,1) = N + 1 - I
140  NEXT I
150 T(0,1) = N
160 I = 1
170 I = I + 1
180 A(I,0) = A(I - 1,0) - 1
190 X = A(I,0)
200 A(I,1) = A(I - 1,1)
210 A(I,2) = A(I - 1,3)
220 A(I,3) = A(I - 1,2)
230 R(X,1) = A(I,2)
240 R(X,2) = A(I,3)
250 R(X,3) = A(I,1)
260  IF A(I,0) > 1 THEN 170
270  FOR L = 1 TO 2
280  IF I = 0 THEN 650
290  REM  AUSGABE
300 T = T + 1
310  GOSUB 420
320 I = I - 1
330  NEXT L
340 I = I + 1
350 X = A(I,0) - 1
360 A(I,0) = X
370 A(I,1) = R(X,1)
380 A(I,2) = R(X,2)
390 A(I,3) = R(X,3)
400  IF A(I,0) = 1 THEN 270
410  GOTO 170
420 X = A(I,1)
430 Y = A(I,2)
440 A = A(I,0)
450  PRINT
460  PRINT T".ZUG,  SCHEIBE "A" VON T"X" NACH T"Y"
470  PRINT
480  PRINT
490 T(0,Y) = T(0,Y) + 1
500 T(T(0,Y),Y) = T(T(0,X),X)
510 T(T(0,X),X) = 0
520 T(0,X) = T(0,X) - 1
530  FOR K = N TO 1 STEP  - 1
540  FOR K1 = 1 TO 3
550 M = T(K,K1)
560  IF M = 0 THEN 590
570  PRINT  TAB( 14 * K1 - 13);
580  PRINT  LEFT$ (A$,M);
590  NEXT K1
600  PRINT
610  NEXT K
620  FOR K = 1 TO 2500
630  NEXT K
640  RETURN
650  END
```

```
65  TUERME VON HANOI
WIEVIEL SCHEIBEN?10
1.ZUG,   SCHEIBE 1 VON T1 NACH T3
##
###
####
#####
######
#######
########
#########
##########                        #
2.ZUG,   SCHEIBE 2 VON T1 NACH T2
###
####
#####
######
#######
########
#########
##########        ##              #
```

```
511.ZUG,   SCHEIBE 1 VON T1 NACH T3
                               #
                               ##
                               ###
                               ####
                               #####
                               ######
                               #######
                               ########
##########                     #########
512.ZUG,   SCHEIBE 10 VON T1 NACH T2
```

```
1022.ZUG,   SCHEIBE 2 VON T1 NACH T2
                 ##
                 ###
                 ####
                 #####
                 ######
                 #######
                 ########
                 #########
                 ##########       #
1023.ZUG,   SCHEIBE 1 VON T3 NACH T2
                 #
                 ##
                 ###
                 ####
                 #####
                 ######
                 #######
                 ########
                 #########
                 ##########
```

144

<u>Beispiel</u> 66. Sparen

<u>Problem/Beschreibung</u>. Der Sparverlauf für eine Sparrate R,
die N-mal pro Jahr über einen Zeitraum von J Jahren bei einem
Jahreszinssatz Z gezahlt wird, soll dargestellt werden.

<u>Verfahren</u>. Das Sparkapital K wird in N Schritten pro Jahr
gemäß $\qquad K(neu) = (K + R)*(1 + Z/(100N))$ gebildet
und das jeweilige Jahresergebnis angegeben.

<u>Aufgabe</u> 66. Erweitern Sie das Programm so, daß dem jähr-
lichen Sparkapital ein Prämienanteil von P Prozent zugeschla-
gen werden kann(Prämiensparen).

<u>Beispiel</u> 67. Sparrate

<u>Problem/Beschreibung</u>. Es ist die Sparrate R zu bestimmen,
die N-mal pro Jahr über einen Zeitraum von J Jahren gezahlt
werden muß, um ein gewünschtes Endkapital K zu erhalten.

<u>Verfahren</u>. Die "Zinsentwicklung" wird unabhängig vom End-
kapital K durch N-malige Durchführung des Grundschrittes

$$S(neu) = (S + 1)*(1 + Z/(100N))$$

für ein Jahr und J-malige Wiederholung für J Jahre nachge-
bildet. Die Sparrate R ergibt sich dann zu R =K/S und wird
(gerundet) angegeben.

<u>Aufgabe</u> 67. Testen Sie Ihre Beispiele durch Anwendung des
Beispiels 66 als "Probe".

```
10    PRINT "66   SPAREN"
20    PRINT
30    PRINT "HOEHE DER SPARRATE: ";
40    INPUT R
50    PRINT "WIE OFT PRO JAHR: ";
60    INPUT N
70    PRINT "ZAHL DER JAHRE: ";
80    INPUT J
90    PRINT "ZINSSATZ PRO JAHR: ";
100   INPUT Z
110   PRINT
120   PRINT "  JAHR        KAPITAL"
130 Z = 1 + Z / N / 100
140 K = 0
150   FOR T = 1 TO J
160   FOR I = 1 TO N
180 K = (K + R) * Z
190   NEXT I
200   PRINT  TAB( 5)T TAB( 15) INT (100 * K + 0.5) / 100
210   NEXT T
220   END
```

```
66   SPAREN
HOEHE DER SPARRATE: ?100
WIE OFT PRO JAHR: ?12
ZAHL DER JAHRE: ?5
ZINSSATZ PRO JAHR: ?6.5
  JAHR        KAPITAL
   1           1243.1
   2           2569.45
   3           3984.64
   4           5494.59
   5           7105.68
```

```
10    PRINT "67   SPARRATE"
20    PRINT
30    INPUT "  WIE OFT PRO JAHR?";N
40    INPUT "     WIEVIEL JAHRE?";J
50    INPUT " ZINSSATZ PRO JAHR?";Z
60    INPUT "WELCHES ENDKAPITAL?";K
70    PRINT
80 Z = 1 + Z / N / 100
90 S = 0
100   FOR T = 1 TO J
110   FOR I = 1 TO N
120 S = (S + 1) * Z
130   NEXT I
140   NEXT T
150 R = K / S
160   PRINT "SPARRATE "N" MAL PRO JAHR:";
170   PRINT  INT (R * 100 + 0.5) / 100" DM"
180   END
```

```
67   SPARRATE
  WIE OFT PRO JAHR?12
     WIEVIEL JAHRE?5
 ZINSSATZ PRO JAHR?6.5
WELCHES ENDKAPITAL?7105.68
SPARRATE 12 MAL PRO JAHR:100 DM
```

<u>Beispiel</u> 68. Darlehen

<u>Problem/Beschreibung</u>. Tilgungs- und Zinsverlauf für ein Dar-
lehen K soll ermittelt werden. Gegeben sind die Fälligkeit R
N-mal pro Jahr und der Jahreszinssatz Z. Die jährlichen Zinsen
und die Restschuld sowie die Gesamtzinsen und die Gesamtlauf-
zeit sind anzugeben.

<u>Verfahren</u>. Zu jedem Fälligkeitstermin I (N-mal pro Jahr) wird
der Zinsanteil K*Z/(100*N) dem jeweiligen Kapital K als eine
Schuld zugerechnet, während die Rate R vom jeweiligen Kapital
subtrahiert wird. Nach jeweils N Schritten werden die Zinsen,
die Tilgung und das Restdarlehen ausgegeben. Ist das Kapital
innerhalb eines Jahresabschnittes getilgt, so wird der Ablauf
vorzeitig beendet.

<u>Aufgabe</u> 68. Ändern Sie das Programm so ab, daß die Tilgung
nicht mit den fallenden Zinsen ansteigt(konstante Fälligkeit),
sondern ein fester Tilgungssatz (vom Gesamtdarlehen) festge-
setzt wird.

```
10   PRINT "68   DARLEHEN"
20   PRINT
30   INPUT "HOEHE DES DARLEHENS?";K
40   INPUT " HOEHE RUECKZAHLUNG?";R
50   INPUT "   WIE OFT PRO JAHR?";N
60   INPUT "     JAHRESZINSSATZ?";Z
70 Z = Z / 100 / N
80   PRINT
90   PRINT "JAHR  ZINSEN   TILGUNG   RESTDARLEHEN"
100 Y = 0
110 S = 0
120 TI = K
130 X = 0
140  FOR I = 1 TO N
150 X = X + K * Z
160 K = K + K * Z - R
170  IF K > 0 THEN 200
180 K = 0
190  GOTO 210
200  NEXT I
210 Y = Y + 1
220  PRINT Y TAB( 7) INT ((100 * X) + 0.5) / 100;
230  PRINT  TAB( 16) INT (100 * (TI - K) + 0.5) / 100;
240  PRINT  TAB( 26) INT (100 * K + 0.5) / 100
250 S = S + X
260  IF K > 0 THEN 120
270  PRINT
280  PRINT "LAUFZEIT "Y - 1" JAHRE "12 * I / N" MONATE"
290  PRINT "SUMME ALLER ZINSEN ";
300  PRINT  INT (100 * S + 0.5) / 100" DM"
310  END
```

```
68   DARLEHEN
HOEHE DES DARLEHENS?10000
 HOEHE RUECKZAHLUNG?100
   WIE OFT PRO JAHR?12
     JAHRESZINSSATZ?7.5
JAHR   ZINSEN    TILGUNG    RESTDARLEHEN
1      734.2      465.8       9534.2
2      698.04     501.96      9032.25
3      659.08     540.92      8491.32
4      617.08     582.92      7908.41
5      571.83     628.17      7280.23
6      523.06     676.94      6603.3
7      470.51     729.49      5873.8
8      413.88     786.12      5087.68
9      352.85     847.15      4240.53
10     287.08     912.92      3327.61
11     216.21     983.79      2343.82
12     139.84    1060.16      1283.66
13      57.53    1142.47       141.19
14       1.15     141.19         0
LAUFZEIT 13 JAHRE 2 MONATE
SUMME ALLER ZINSEN 5742.33 DM
```

<u>Beispiel</u> 69. Bauspardarlehen

<u>Problem/Beschreibung</u>. Der Tilgungs- und Zinsverlauf eines Bauspardarlehens K soll ermittelt werden. Gegeben sind die monatliche Bausparrate R und der Jahreszinssatz Z, den die Bausparkasse erhebt. Der Zins- und Tilgungsanteil, sowie das Restdarlehen sind jährlich, die Gesamtzinsen und die Gesamtlaufzeit nach dem Gesamtablauf anzugeben.

<u>Verfahren</u>. Monatlich wird vom Restdarlehen K die Bausparrate R abgezogen und der Zinsanteil $K*Z/(12*100)$ addiert. In Jahresschritten werden die Zinsen, die Tilgung und das Restdarlehen ausgegeben. Nach der Gesamttilgung wird die Summe S aller Zinsen und die gesamte Laufzeit in Jahren und Monaten angegeben.

<u>Aufgabe</u> 69. Erweitern Sie das Programm so, daß ein jährlicher Versicherungszuschlag von P Prozent auf das jeweilige Restdarlehen erhoben wird(Risikoversicherung).

```
10   PRINT "69  BAUSPARDARLEHEN"
20   PRINT
30   PRINT "HOEHE DES DARLEHENS";
40   INPUT K
50   PRINT "MONATLICHE BAUSPARRATE";
60   INPUT R
70   PRINT "JAEHRLICHER ZINSSATZ";
80   INPUT Z
90 Z = Z / 100 / 12
100  PRINT "JAHR  ZINSEN  TILGUNG   RESTDARLEHEN"
110 Y = 0
120 S = 0
130  PRINT
140 TI = K
150 X = 0
160  FOR I = 1 TO 12
170 X = X + K * Z
180 K = K - R + K * Z
190  IF K > 0 THEN 220
200 K = 0
210  GOTO 230
220  NEXT I
230 Y = Y + 1
240  PRINT Y TAB( 7) INT (100 * X + 0.5) / 100;
250  PRINT  TAB( 16) INT (100 * (TI - K) + 0.5) / 100;
260  PRINT  TAB( 26) INT (100 * K + 0.5) / 100
270 S = S + X
280  IF K > 0 THEN 140
290  PRINT : PRINT
300  PRINT "SUMME ALLER ZINSEN "S" DM"
310  PRINT "LAUFZEIT "Y - 1" JAHRE "I" MONATE"
320  END


69  BAUSPARDARLEHEN
HOEHE DES DARLEHENS?10000
MONATLICHE BAUSPARRATE?100
JAEHRLICHER ZINSSATZ?5
JAHR   ZINSEN    TILGUNG    RESTDARLEHEN
1      483.73    716.27     9283.73
2      447.09    752.91     8530.82
3      408.57    791.43     7739.39
4      368.08    831.92     6907.47
5      325.51    874.49     6032.98
6      280.77    919.23     5113.75
7      233.74    966.26     4147.5
8      184.31    1015.69    3131.8
9      132.34    1067.66    2064.15
10     77.72     1122.28    941.87
11     21.03     941.87     0
SUMME ALLER ZINSEN 2962.89571 DM
LAUFZEIT 10 JAHRE 10 MONATE
```

<u>Beispiel</u> 70. Hypothek

<u>Problem/Beschreibung</u>. Für eine Hypothek K, die mit einem Zinssatz Z und einem Tilgungssatz T pro Jahr abzuzahlen ist, sind die jeweiligen Jahreszinsen, die Jahrestilgung und die jeweilige Restschuld zu bestimmen. Außerdem ist die gesamte Laufzeit und die Höhe der Gesamtzinsen zu ermitteln.

<u>Verfahren</u>. Zunächst wird die Fälligkeit R, die N-mal pro Jahr zu begleichen ist, durch

$$R = K \ (Z + T)/(100N)$$

ermittelt und angegeben. In N Schritten pro Jahr wird der Zins- und Tilgungsanteil an der Fälligkeit R bestimmt und als jeweiliges Jahresergebnis angegeben.

<u>Hinweis</u>. Die Fälligkeit R wird nicht nur zur Ausgabe gerundet, sondern auch gerundet in der weiteren Rechnung verwendet, da die jeweilige Zahlung nur in Mark und Pfennigen erfolgt.

<u>Aufgabe</u> 70. Ändern Sie das Programm so ab, daß die Laufzeit genauer in Jahren und Monaten angegeben wird.

<u>Beispiel</u> 71. Rente

<u>Problem/Beschreibung</u>. Es soll ermittelt werden, welche Rente N-mal pro Jahr aus einem Kapital K anfällt, wenn ein Jahreszinssatz Z und eine Laufzeit T zugrunde gelegt wird.

<u>Verfahren</u>. Die N-mal pro Jahr zu zahlende Rente bestimmt sich zu

$$R = K \ (\frac{Z/(100N)}{(1+Z/(100N))^{NJ}-1} \ + \ \frac{Z}{100N} \ )$$

$$\text{wobei} \quad K = \text{Ausgangskapital}$$
$$Z = \text{Jahreszinssatz } (\neq 0)$$
$$J = \text{Zahl der Jahre}$$

<u>Hinweis.</u> Bei der Berechnung der "Rente" fehlt der Zuschlag, der sich aus der Sterbewahrscheinlichkeit innerhalb der Auszahlungzeit ergibt.

<u>Aufgabe</u> 71. Erweitern Sie das Programm so, daß sich für ein zinsloses "Verrenten" (Z=0) ein (korrektes) Ergebnis ergibt.

```
10    PRINT "70   HYPOTHEK"
20    PRINT
30    INPUT "HOEHE DER HYPOTHEK?";K
40    INPUT "    JAHRESZINSSATZ?";Z
50    INPUT "JAHRESTILGUNGSSATZ?";T
60    INPUT "ZAHLUNGEN PRO JAHR?";N
70    PRINT
80 Z = Z / 100 / N
90 Y = 0
100   PRINT "JAHR  ZINSEN  TILGUNG RESTKAPITAL"
110 S = 0
120 R =   INT (100 * K * (Z + T / 100 / N) + 0.5) / 100
130   PRINT N"-MAL PRO JAHR ZU ZAHLEN: "R"DM"
140   PRINT
150 TI = K
160 X = 0
170   FOR I = 1 TO N
180 X = X + K * Z
190 K = K + K * Z - R
200  IF K > 0 THEN 230
210 K = 0
220   GOTO 240
230   NEXT I
240 Y = Y + 1
250   PRINT Y TAB( 5) INT (100 * X + 0.5) / 100;
260   PRINT  TAB( 15) INT (100 * (TI - K) + 0.5) / 100;
270   PRINT  TAB( 25) INT (100 * K + 0.5) / 100
280 S = S + X
290   IF K > 0 THEN 150
300   PRINT : PRINT
310   PRINT "ZINSSUMME: "S" DM"
320   PRINT "LAUFZEIT: "Y" JAHRE"
330   END
```

```
70   HYPOTHEK
HOEHE DER HYPOTHEK?100000
    JAHRESZINSSATZ?7
JAHRESTILGUNGSSATZ?2
ZAHLUNGEN PRO JAHR?12
JAHR  ZINSEN  TILGUNG RESTKAPITAL
12-MAL PRO JAHR ZU ZAHLEN: 750DM
1   6934.57   2065.43   97934.57
BREAK IN 170
```

```
10    PRINT "71   RENTE"
20    PRINT
30    PRINT "WELCHES KAPITAL";
40    INPUT K
50    PRINT "ZAHLUNGEN PRO JAHR";
60    INPUT N
70    PRINT "WIEVIEL JAHRE";
80    INPUT J
90    PRINT "ZINSSATZ PRO JAHR";
100   INPUT Z
110   PRINT
120 Z = Z / N / 100
130 R = K * (Z / ((Z + 1) ^ (N * J) - 1) + Z)
140   PRINT "RENTE "N" MAL PRO JAHR:";
150   PRINT  INT (R * 100 + 0.5) / 100
160   END
```

```
71   RENTE
WELCHES KAPITAL?1000000
ZAHLUNGEN PRO JAHR?12
WIEVIEL JAHRE?15
ZINSSATZ PRO JAHR?7.5
RENTE 12 MAL PRO JAHR:927.01
```

Beispiel 72. Rendite

Problem/Beschreibung. Es soll ermittelt werden, welche Jahresrendite ein Wertpapier mit dem Nennwert(Ausgabewert) N und der Restlaufzeit T einbringt, wenn es zum Kaufpreis K erworben ist.

Verfahren. Die Durchschnittsrendite in Prozent pro Jahr ist

$$R = \frac{N \cdot Z}{K} + 100 \, \frac{N - K}{K \cdot T} \quad ,$$

wobei Z = Jahreszinssatz(Dividende)
K = Kaufpreis, N = Nennwert
T = Restlaufzeit

Aufgabe 72. Schreiben Sie ein Programm, das bei einer gewünschten Rendite R aus dem Nennwert N, der jährlichen Rendite Z und der Restlaufzeit T den Kaufpreis K ermittelt (Umkehrproblem).

Beispiel 73. Abschreibung

Problem/Beschreibung. Die jährliche Abschreibung bzw. der Wertverlust eines Anschaffungswertes soll für eine feste Abschreibungs- bzw. Verlustrate bestimmt werden.

Verfahren. Nach Angabe des Anschaffungswertes A und der Abschreibungsrate P wird eine Folge der Restwerte und der Gesamtabschreibung in Jahresschritten bestimmt und angegeben

gemäß Restwert K(neu) = K(alt) - A*P/1ØØ .

Aufgabe 73. Erweitern Sie das Programm so, daß die Anzahl der Jahre bis zur endgültigen Abschreibung ermittelt und angegeben wird.

```
10    PRINT "72   RENDITE"
20    PRINT
30    PRINT "KAUFPREIS";
40    INPUT K
50    PRINT "NENNWERT";
60    INPUT N
70    PRINT "ERTRAG PRO JAHR(PROZENT)";
80    INPUT Z
90    PRINT "RESTLAUFZEIT";
100   INPUT T
110   PRINT : PRINT
120   PRINT "JAHRESRENDITE IN PROZENT:";
130   PRINT N * Z / K + 100 * (N - K) / (K * T)
140   END
```

```
72   RENDITE
KAUFPREIS?8000
NENNWERT?10000
ERTRAG PRO JAHR(PROZENT)?6.5
RESTLAUFZEIT?10
JAHRESRENDITE IN PROZENT:10.625
```

```
10    PRINT "73   ABSCHREIBUNG"
20    PRINT
30    INPUT " ANSCHAFFUNGSWERT?";A
40    INPUT "ABSCHREIBUNGSRATE?";P
50    PRINT "RESTWERT GESAMTABSCHREIBUNG"
60 K = A
70 K = K - A * P / 100
80    IF K >  = 0 THEN 100
90 K = 0
100   PRINT K; TAB( 15)A - K
110   IF K > 0 THEN 70
120   END
```

```
73  ABSCHREIBUNG
 ANSCHAFFUNGSWERT?1000
ABSCHREIBUNGSRATE?20
RESTWERT GESAMTABSCHREIBUNG
800            200
600            400
400            600
200            800
0             1000
```

<u>Beispiel</u> 74. Lohnsteuer

<u>Problem/Beschreibung</u>. Das steuerpflichtige Einkommen einer
Familie (1 nichtbeamteter Arbeitnehmer) soll aus dem Brutto-
arbeitslohn, den Werbungskosten, Kapital- und anderen Ein-
künften sowie den Sonderausgaben ermittelt werden. Für die
Vorsorgeaufwendungen wird die Vorsorgepauschale angesetzt.

<u>Verfahren</u>: Folgende Angaben der Familie werden verwendet:

          K   Anzahl der Kinder

          EB Bruttojahresarbeitslohn (1 Arbeitnehmer)

          W   Werbungskosten bei Lohn/Gehalt

          EK Nettokapitaleinkünfte (Zinsen usw.)

          EV Andere Einkünfte(netto) (Vermietung usw.)

          S   Sonderausgaben(ohne Vorsorgeaufwendungen)

          Folgende <u>Freibeträge</u> werden berücksichtigt:

          CF Weihnachtsfreibetrag (600 DM)

          AF Arbeitnehmerfreibetrag (480 DM)

          SF Sparerfreibetrag (600 DM)

          WF Werbungskostenpauschale (564 DM)

          SP Sonderausgabenpauschale (540 DM)

          KF Kinderfreibetrag (432 DM)

Für die Vorsorgeaufwendungen wird lediglich die allgemeine
Pauschale für nichtbeamtete Arbeitnehmer angesetzt. Als Ober-
grenze des Bruttoarbeitslohnes wird dafür der 1983 geltende
Betrag von DM 60.000 verwendet (1984 sind es DM 62.400).
Als Prozentanteil werden 9 Prozent von EB anerkannt.

<u>Hinweis</u>. Die Freibeträge werden durch die DATA-Anweisung 420
definiert. Sie gelten für das Jahr 1983 und sind ggf. später
abzuändern. Die Werte der Vorsorgepauschale müßten direkt im
Programm (Zeile 250-280) verändert werden. Für beamtete Arbeitnehmer ist die Vorsorgepauschale auf 2000 DM statt den
allgemeinen 4680 DM seit 1983 begrenzt.

<u>Aufgabe 74</u>. Berücksichtigen Sie im Programm weitere Steuer-
abzüge, wie Außergewöhnliche Belastungen, Ausbildungs-, Al-
tersfreibeträge u.ä. sowie die eingeschränkte Vorsorgepauschale für Beamte.

```
10    PRINT "74  LOHNSTEUER"
20    PRINT
30    READ CF,AF,SF,WF,SP,KF
40    INPUT "ZAHL DER KINDER:";K
50    INPUT "BRUTTOARBEITSLOHN:";EB
60 EB = EB - CF
70    INPUT "WERBUNGSKOSTEN:";W
80    IF W > WF THEN 100
90 W = WF
100   INPUT "KAPITALEINKUENFTE(NETTO):";EK
110   IF EK < 0 THEN 150
120 EK = EK - SF
130   IF EK > 0 THEN 150
140 EK = 0
150   INPUT "ANDERE EINKUENFTE(NETTO):";EV
160 E = EB - AF - W + EK + EV
170   PRINT "SUMME DER EINKUENFTE: ";
180   PRINT E
190   PRINT
200   INPUT "SONDERAUSG.(OHNE VORSORGEAUFWDG.):";S
220   IF S > SP THEN 240
230 S = SP
240 E = E - S
250   IF EB <  = 60000 THEN 270
260 EB = 60000
270 VH = EB * 0.09
280 P = 4680 + 600 * K
290   IF VH < P THEN 310
300 VH = P
310 E = E - VH - KF * K
320   IF EB * 0.09 > P / 2 THEN 340
330 P = EB * 0.09
340 E = E - P / 2
350   PRINT
360   PRINT "STEUERPFLICHTIGES EINKOMMEN:";E
380   PRINT : PRINT
390   PRINT "GGF. WEITERE ABZUGE VORNEHMEN"
400   PRINT "(AUSSERG. BELASTUNG, AUSBILDUNGS-,"
410   PRINT "ALTERSFREIBETRAG USW.)"
420   DATA     600,480,600,564,540,432
```

<u>Beispiel</u> 75. Zahlungsbilanz

<u>Problem/Beschreibung</u>. Aus den Export- und Importwerten des
Warenverkehrs, der Dienstleistungen, der Übertragungen und
des Kapitalverkehrs ist die Zahlungsbilanz zu berechnen.
Als Teilergebnis ist die Leistungsbilanz(Zahlungsbilanz aus-
schließlich Kapitalverkehr) anzugeben.

<u>Verfahren</u>. Aus den Export-(E) und Importwerten(I) sind die
folgenden Salden zu bilden:

Warenverkehr	: E - I
Dienstleistungen (einschl. Reiseverkehr)	: E - I
Übertragungen (einschl. Gastarbeiter)	: I - E
Kapitalverkehr	: E - I

<u>Hinweis</u>. Das Gesamtergebnis ist "unbereinigt", da Ergänzungen,
Restposten und Ausgleichsposten(Deutsche Bundesbank) außer
Betracht bleiben.

<u>Aufgabe</u> 75. Ändern Sie die Ausgabe so ab, daß die Export-
und Importwerte zusammen mit dem jeweiligen Saldo in einer
Zeile ausgegeben werden(Tabellenform).

```
10    PRINT "75  ZAHLUNGSBILANZ"
20    PRINT
30    INPUT "WARENEXPORT:";E
40    INPUT "WARENIMPORT:";I
50    PRINT "WARENBILANZ:"E - I
60 S = E - I
70    PRINT
80    INPUT "DIENSTLEISTUNGSEXPORT:";E
90    INPUT "DIENSTLEISTUNGSIMPORT:";I
100   PRINT "DIENSTLEISTUNGSBILANZ:"E - I
110 S = S + E - I
120   PRINT
130   INPUT "UEBERTRAGUNGSEXPORT:";E
140   INPUT "UEBERTRAGUNGSIMPORT:";I
150   PRINT "UEBERTRAGUNGSBILANZ:"I - E
160   PRINT
170 S = S + I - E
180   PRINT "LEISTUNGSBILANZ:"S
190   PRINT
200   INPUT "KAPITALEXPORT:";E
210   INPUT "KAPITALIMPORT:";I
220   PRINT "KAPITALBILANZ:"I - E
230   PRINT
240 S = S + I - E
250   PRINT "ZAHLUNGSBILANZ(UNBEREINIGT)"
260   PRINT S" WAEHRUNGSEINHEITEN"
270   END

75  ZAHLUNGSBILANZ
WARENEXPORT:100000
WARENIMPORT:60000
WARENBILANZ:40000
DIENSTLEISTUNGSEXPORT:10000
DIENSTLEISTUNGSIMPORT:30000
DIENSTLEISTUNGSBILANZ:-20000
UEBERTRAGUNGSEXPORT:10000
UEBERTRAGUNGSIMPORT:2000
UEBERTRAGUNGSBILANZ:-8000
LEISTUNGSBILANZ:12000
KAPITALEXPORT:10000
KAPITALIMPORT:20000
KAPITALBILANZ:10000
ZAHLUNGSBILANZ(UNBEREINIGT)
22000 WAEHRUNGSEINHEITEN
```

<u>Beispiel</u> 76. Minimum einer Liste

Problem/Beschreibung. Gegeben ist eine Liste von Worten
(Zeichenketten). Das "minimale" Element der Liste bezüglich
der lexikographischen Anordnung soll ermittelt werden.

<u>Verfahren</u>. Zunächst wird durch M$ = "^"(Potenzzeichen) das
gesuchte "Minimum" M$ als Anfangswert auf den höchsten Wert
im ASCII-Code(s.S.27) gesetzt. Dann werden die Zeichenketten
nacheinander auf A$ gelesen. Ist das gelesene A$ lexikographisch "kleiner" als das bisherige "Minimum" M$, so wird A$
aus M$ übertragen und der Zählerstand I auf dem Platzhalter K
gespeichert. Die Eingabe wird abgeschlossen, sobald das
Zeichen * als A$ eingegeben wird. Danach wird der letzte
Wert vom M$ als "Minimum" aller Elemente zusammen mit der
Position K innerhalb der Liste ausgegeben.

<u>Hinweis</u>. Das angegebene Verfahren kommt ohne vorherige Ein-
gabe aller Elemente auf ein Feld A$(I) aus. Es läßt sich
zu einem (langsamen) Sortierverfahren ausbauen. Dazu werden
alle N Elemente auf ein Feld A$(I) eingelesen. Anschließend
wird N-1 mal das "Minimum" bestimmt, wobei die Liste A$(I)
jeweils um ein Element von vorn gekürzt wird.

<u>Aufgabe</u> 76. Verwenden Sie das Programm gemäß dem Hinweis
für ein Sortierprogramm für N Elemente einer Liste.

```
10   PRINT "76  MINIMUM EINER LISTE"
20   PRINT
30 M$ = "^": REM  MAXIMUM IN ASCII
40 K = 1
50 I = 0
60 I = I + 1
70   PRINT I".ELEMENT (ENDE=*)";
80   INPUT A$
90   IF  MID$ (A$,1,1) = "*" THEN  140
100   IF A$ > M$ THEN 60
110 M$ = A$
120 K = I
130   GOTO 60
140   PRINT
150   PRINT "MINIMUM "K".ELEMENT:"
160   PRINT M$
170   END
```

```
 76   MINIMUM EINER LISTE
 1.ELEMENT (ENDE=*)?123456789
 2.ELEMENT (ENDE=*)?23456789
 3.ELEMENT (ENDE=*)?3456789
 4.ELEMENT (ENDE=*)?456789
 5.ELEMENT (ENDE=*)?56789
 6.ELEMENT (ENDE=*)?6789
 7.ELEMENT (ENDE=*)?789
 8.ELEMENT (ENDE=*)?89
 9.ELEMENT (ENDE=*)?9
10.ELEMENT (ENDE=*)?*
MINIMUM 1.ELEMENT:
123456789
```

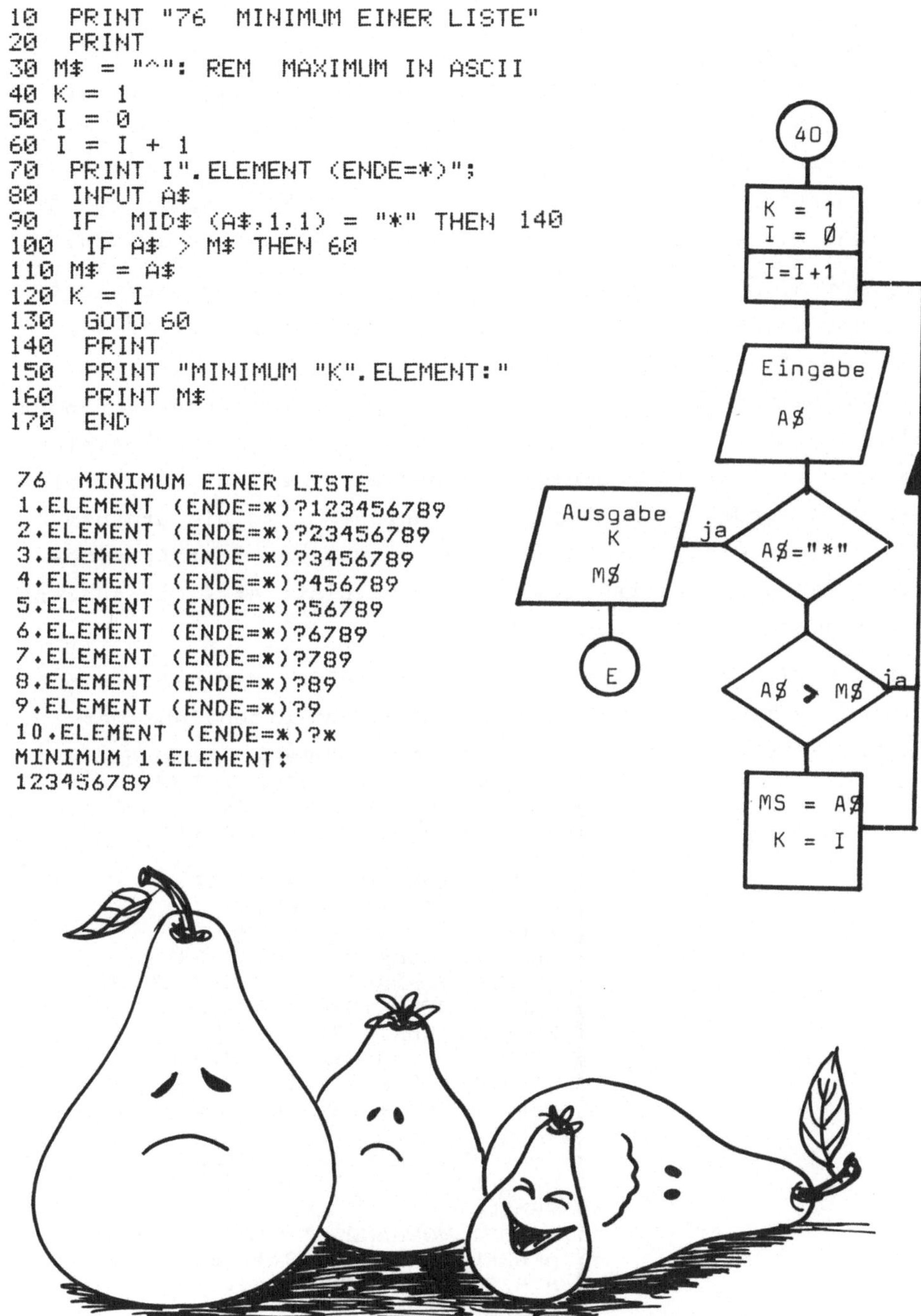

<u>Beispiel</u> 77. Sortieren/Suchen/Einordnen

<u>Problem/Beschreibung</u>. Eine Liste von Worten(Zeichenketten) soll in lexikographisch aufsteigender Reihenfolge sortiert werden. Die Position eines vorgegebenen Elementes in der sortierten Liste soll ermittelt werden. Falls sich das Element nicht in der Liste befindet, soll es ggf. eingeordnet werden. Die erweiterte Liste soll ggf. ausgegeben werden.

<u>Verfahren</u>. Die Liste wird nach der Sprudelmethode sortiert und ausgegeben. Eingabe und Sortierung erfolgt auf A$(I). Nach der Sortierung können Worte(Zeichenketten) gesucht werden(bei Angabe von * wird das Programm beendet). Befindet sich das gesuchte Wort in der Liste, so wird seine Position K in der Liste A$(I) angegeben, sonst wird gefragt, ob es eingeordnet werden soll. Nach dem Einordnen wird die erhöhte Länge N der Liste ausgegeben. Bei Angabe von * statt eines gesuchten Wortes, wird die vorhandene Liste A$(I) in ganzer Länge ausgegeben.

<u>Aufgabe</u> 77. Ändern Sie das Programm so ab, daß bei der Sortierung mehrfach vorhandene Worte(Zeichenketten) aus der Liste getilgt werden.

```
78  SORTIEREN/SUCHEN/EINORDNEN
ZEICHENKETTEN EINGEBEN,ENDE=*
?MENZEL REGINE 27.05.61
?MENZEL ANNEGRET 03.12.62
?*
MENZEL ANNEGRET 03.12.62
MENZEL REGINE 27.05.61
WELCHES WORT IST GESUCHT
?MENZEL EVAMARIE 24.04.64
 NICHT VORHANDEN! EINORDNEN?JA
LAENGE DER LISTE JETZT:3
WELCHES WORT IST GESUCHT
?MENZEL EVAMARIE 24.04.64
 STEHT AUF PLATZ 2
WELCHES WORT IST GESUCHT
?EMIL
 NICHT VORHANDEN! EINORDNEN?NEIN
WELCHES WORT IST GESUCHT
?EMIL
 NICHT VORHANDEN! EINORDNEN?*
MENZEL ANNEGRET 03.12.62
MENZEL EVAMARIE 24.04.64
MENZEL REGINE 27.05.61
WELCHES WORT IST GESUCHT
?*
```

```basic
10   PRINT "77  SORTIEREN/SUCHEN/EINORDNEN"
20   DIM A$(50)
30   PRINT "ZEICHENKETTEN EINGEBEN,ENDE=*"
40   FOR N = 1 TO 50
50   INPUT A$(N)
60   IF A$(N) = "*" THEN 80
70   NEXT N
80 Z = 0
90   FOR I = 1 TO N - 2
100   IF A$(I) <  = A$(I + 1) THEN 150
110 H$ = A$(I)
120 A$(I) = A$(I + 1)
130 A$(I + 1) = H$
140 Z = 1
150   NEXT I
160   IF Z = 1 THEN 80
170   FOR I = 1 TO N - 1
180   PRINT A$(I)
190   NEXT I
200   PRINT
210   PRINT "WELCHES WORT IST GESUCHT"
220   INPUT A$
230   IF A$ = "*" THEN 490
240 I = 0
250 K = N - 1
260 M =   INT ((I + K) / 2)
270   IF A$ > A$(M) THEN 300
280 K = M
290   GOTO 310
300 I = M
310   IF I + 1 < K THEN 260
320   IF A$ <  > A$(K) THEN 350
330   PRINT " STEHT AUF PLATZ "K
340   GOTO 200
350   PRINT " NICHT VORHANDEN! EINORDNEN";
360   INPUT F$
370   IF  MID$ (F$,1,1) = "N" THEN 210
380   IF F$ = "*" THEN 170
390 I = N
400 I = I - 1
410   IF A$ > A$(N - 1) THEN 450
420   IF I < K THEN 450
430 A$(I + 1) = A$(I)
440   GOTO 400
450 A$(I + 1) = A$
460   PRINT "LAENGE DER LISTE JETZT:"N
470 N = N + 1
480   GOTO 200
490   END
```

<u>Beispiel</u> 78. Sortieren(Sprudelmethode)

<u>Problem/Beschreibung</u>. Eine Liste von Worten(Zeichenketten) soll in lexikographisch aufsteigender Reihenfolge sortiert werden. Die sortierte Liste soll ausgegeben werden.

<u>Verfahren</u>. Die Worte werden nacheinander angefordert und im Feld $A\$(I)$ abgelegt, bis das Ende-Zeichen $*$ eingegeben wird. Die Sortierung erfolgt im Feld $A\$(I)$ in Durchgängen. In jedem Durchgang werden von links nach rechts je zwei benachbarten Elemente $A\$(I)$ und $A\$(I+1)$ auf die lexikographische Reihenfolge geprüft. Stimmt die Reihenfolge nicht, so werden die beiden Elemente miteinander vertauscht. Nach jedem Durchgang wird abgefragt, ob überhaupt eine Vertauschung stattgefunden hat ($Z=1$). Ist $Z=0$, so ist die Sortierung beendet und die Liste $A\$(I)$ wird ausgegeben.

<u>Hinweis</u>. Die "Güte" von Sortierverfahren läßt sich nach dem Zeit- und Speicherbedarf beurteilen. Dem geringen Speicheraufwand ist hier bereits Rechnung getragen, in dem die Sortierung auf dem Eingabefeld $A\$(I)$ abläuft und damit keine zusätzlichen Felder benötigt werden. Der Zeitbedarf wird in erster Linie von der Anzahl der notwendigen Vergleiche je zweier Zeichenketten $A\$(I)<A\$(I+1)$ bestimmt. Für N Durchgänge mit je N-1 Vergleichen benötigt die Sprudelmethode maximal $V_N = N(N-1)$ Vergleiche. Ihr Vorteil gegenüber Bsp.79 besteht aber darin, daß sie abbrechen kann, sobald die Sortierung "zufällig" schon erreicht ist($Z=\emptyset$ <u>nach</u> einem Durchgang). Außerdem läßt sich nach jedem Durchgang die Liste von "rechts" um je ein Element abkürzen, so daß maximal nur $V_N/2$ Vergleiche notwendig sind. Bei N=10 sind das aber immer noch 499 500 Vergleiche. Eine wensentliche Zeitersparnis ist erst durch Aufspaltung in Teillisten(s. Bsp. 81) erreichbar.

<u>Aufgabe</u> 78. Ändern Sie das Programm so ab, daß in jedem Durchgang die Liste um ein Element von rechts "gekürzt" wird, um unnötige Vergleiche von Elementen zu vermeiden.

```
10   PRINT "78   SORTIEREN(SPRUDELMETHODE)"
20   DIM A$(50)
30   PRINT "GIB ZEICHENKETTE EIN, ENDE MIT*"
40   FOR N = 0 TO 50
60   INPUT A$(N + 1)
70   IF A$(N + 1) = "*" THEN 80
75   NEXT N
80 Z = 0
90   FOR I = 1 TO N - 1
100   IF A$(I) <  = A$(I + 1) THEN 150
110 H$ = A$(I)
120 A$(I) = A$(I + 1)
130 A$(I + 1) = H$
140 Z = 1
150   NEXT I
160   IF Z = 1 THEN 80
170   FOR I = 1 TO N
180   PRINT A$(I)
190   NEXT I
200   PRINT "LAENGE DER LISTE:"N
210   END
```

```
78   SORTIEREN(SPRUDELMETHODE)
GIB ZEICHENKETTE EIN, ENDE MIT*
?00.0 EG-BEVOELKERUNG IN MIO.
?09.8 BELGIEN
?61.3 BR DEUTSCHLAND
?05.1 DAENEMARK
?53.3 FRANKREICH
?55.8 GROSSBRITANIEN
?03.2 IRLAND
?56.7 ITALIEN
?00.4 LUXEMBURG
?13.9 NIEDERLANDE
?99    STAND 1978
?*
00.0 EG-BEVOELKERUNG IN MIO.
00.4 LUXEMBURG
03.2 IRLAND
05.1 DAENEMARK
09.8 BELGIEN
13.9 NIEDERLANDE
53.3 FRANKREICH
55.8 GROSSBRITANIEN
56.7 ITALIEN
61.3 BR DEUTSCHLAND
99    STAND 1978
LAENGE DER LISTE:11
```

Liste $A\$ = (A_1, \ldots A_N)$

<u>Beispiel</u> 79. Sortieren durch Austausch

<u>Problem/Beschreibung</u>. Eine Liste mit N Elementen soll in lexikographisch aufsteigender Reihenfolge sortiert werden.

<u>Verfahren</u>. Nach Abfrage der Anzahl N der Elemente werden nacheinander N Worte(Zeichenketten) angefordert und auf dem Feld A$(I) abgelegt. In N Durchgängen wird für die Elemente I bis N die Position J des minimalen Elementes ermittelt. Dann werden die Elemente A$(I) und A$(J) miteinander vertauscht. Das jeweils ermittelte minimale Element wird angegeben. Die sortierte Liste befindet sich wieder auf A$(I).

<u>Hinweis</u>. Das Austauschverfahren ist kein günstiges Sortierverfahren. Es benötigt für jedes N <u>unabhängig</u> vom Ausgangszustand der Liste immer den gleichen Zeitaufwand. Dieser wird wieder wesentlich von der notwendigen Anzahl der Vergleiche je zweier Zeichenketten A$(K) A$(J) bestimmt. Der Vorteil der angegebenen Austauschmethode besteht darin, daß nach jedem Durchgang je ein Element der Liste nicht mehr an den Vergleichen der folgenden Durchgänge beteiligt werden muß, so daß insgesamt nur $V_N' = (N-1)N/2$ Vergleiche notwendig sind. Diese Anzahl fällt aber auch dann an, wenn die eingegebene Liste bereits vollständig sortiert ist(s. Bsp.78).

<u>Aufgabe</u> 79. Ändern Sie das Programm so ab, daß die Anzahl N der Elemente der Liste nicht angegeben werden muß. Ende der Eingabe z.B. durch * .

```
10   PRINT "79  SORTIEREN DURCH AUSTAUSCH"
20   PRINT
30   PRINT "WIEVIEL ELEMENTE";
40   INPUT N
50   PRINT : PRINT
60   FOR I = 1 TO N
70   INPUT A$(I)
80   NEXT I
90   FOR I = 1 TO N - 1
100  J = I + 1
110   FOR K = I TO N
120   IF A$(K) > A$(J) THEN 140
130  J = K
140   NEXT K
150  H$ = A$(J)
160  A$(J) = A$(I)
170  A$(I) = H$
180   PRINT A$(I)
190   NEXT I
200   PRINT A$(N)
210   END
```

```
79  SORTIEREN DURCH AUSTAUSCH
WIEVIEL ELEMENTE?10
?ABCDEFGHIJKLMNOPQRSTUVWXYZ
?ABCDEFGHIJKLMNOPQRSTUVWXY
?ABCDEFGHIJKLMNOPQRSTUVW
?ABCDEFGHIJKLMNOPQRSTU
?ABCDEFGHIJKLMNOPQRST
?ABCDEFGHIJKLMNOPQRS
?ABCDEFGHIJKLMNOPQR
?ABCDEFGHIJKLMNOPQ
?ABCDEFGHIJKLMNOP
?ABCDEFGHIJKLMNO
ABCDEFGHIJKLMNO
ABCDEFGHIJKLMNOP
ABCDEFGHIJKLMNOPQ
ABCDEFGHIJKLMNOPQR
ABCDEFGHIJKLMNOPQRS
ABCDEFGHIJKLMNOPQRST
ABCDEFGHIJKLMNOPQRSTU
ABCDEFGHIJKLMNOPQRSTUVW
ABCDEFGHIJKLMNOPQRSTUVWXY
ABCDEFGHIJKLMNOPQRSTUVWXYZ
```

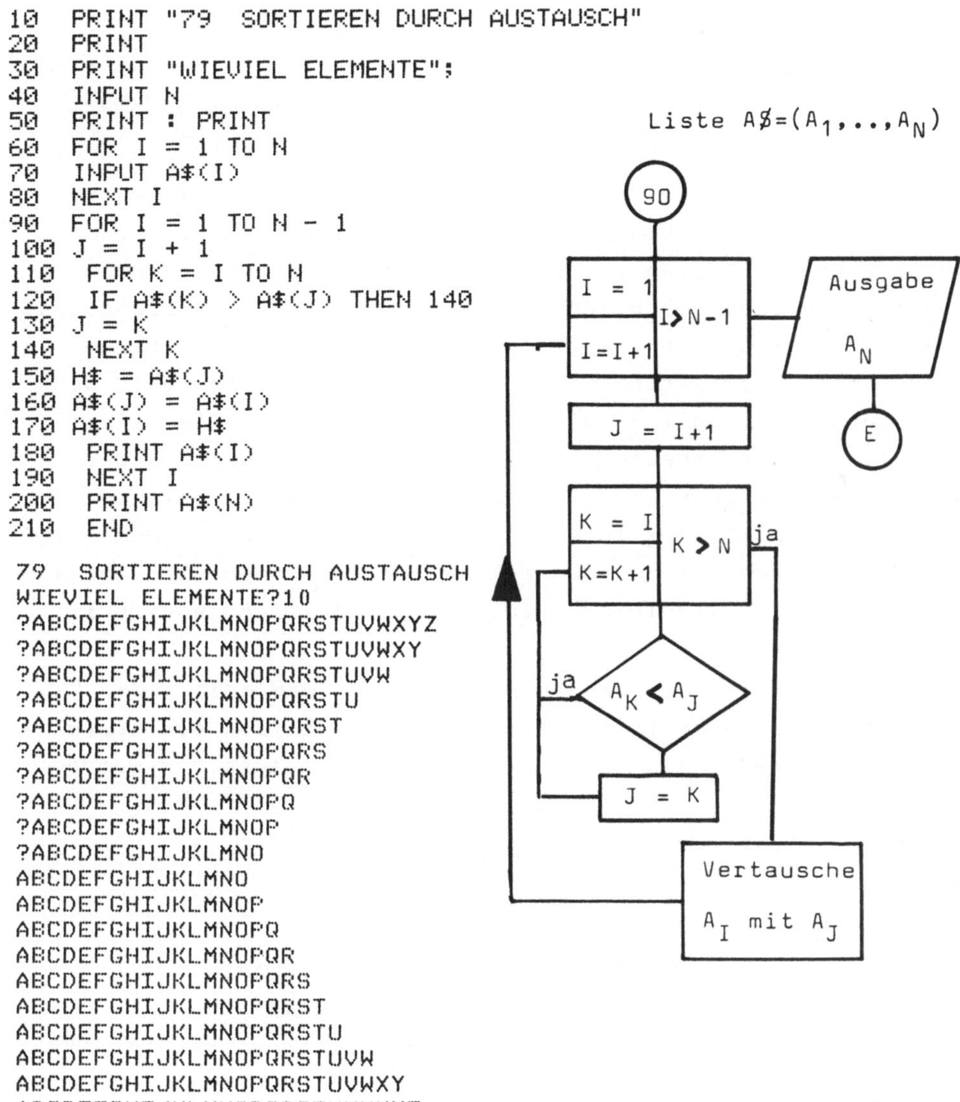

<u>Beispiel</u> 80. Quicksort

<u>Problem/Beschreibung</u>. Eine Liste von N Worten(Zeichenketten)
soll in lexikographisch aufsteigender Reihenfolge sortiert
und ausgegeben werden.

<u>Verfahren</u>. Angewendet wird das "schnelle" Sortierverfahren
nach C.A.R. Hoare. Grundprinzip ist die Zerlegung einer Liste
in je zwei Teillisten und ein "Verbindungselement". Durch
einen vorherigen Vertauschungsprozeß wird dabei erreicht, daß
dieses "Verbindungselement" bereits an seinem endgültigen
Platz in der sortierten Liste steht. Das Verfahren wird deshalb aufwendig, weil jeweils nur eine der beiden Teillisten
direkt weiterverarbeitet werden kann. Anfang und Ende der
anderen auftretenden Teillisten muß sich das Programm in
einem sogenannten "Keller" $K(N,2)$ zunächst merken und zur
späteren Abarbeitung wieder dem Keller entnehmen. Der Index I
zeigt dabei an, wieviele Paare(Teillisten) sich jeweils im
Keller befinden.

<u>Aufgabe</u> 80. Ergänzen Sie das Programm so, daß nach jeder "Auf-
spaltung" die Gesamtliste A$(I) und die Position des "Verbin-
dungselementes" (J1=J2) zur Demonstration ausgegeben werden.

Liste der wichtigsten <u>Platzhalter</u>:

N1 : Anfangsposition einer Teilliste
N2 : Endposition einer Teilliste
J1 : 1.Zeiger bei der Aufspaltung einer Teilliste
J2 : 2.Zeiger bei der Aufspaltung einer Teilliste
K(1,I) : Keller(Feld) für die Anfangspositionen der Teillisten
K(2,I) : Keller(Feld) für die Endpositionen der Teillisten

```
10    PRINT "80  QUICKSORT"
20    PRINT
30    INPUT "WIEVIEL WORTE?";N
40    DIM A$(N),K(N,2)
50    FOR I = 1 TO N
60    PRINT I":";
70    INPUT A$(I)
80    NEXT I
90 N1 = 1:N2 = N
100  I = 1
105   REM  LISTE N1,N2 AUFSPALTEN
110 J1 = N1:J2 = N2
120   IF A$(J1) <  = A$(J2) THEN 220
125   REM  A$(J1) MIT A$(J2) TAUSCHEN
130 Z$ = A$(J1)
140 A$(J1) = A$(J2)
150 A$(J2) = Z$
160 J1 = J1 + 1
170   IF J1 = J2 THEN 240
180   IF A$(J1) <  = A$(J2) THEN 160
185   REM  A$(J1) MIT A$(J2) TAUSCHEN
190 Z$ = A$(J1)
200 A$(J1) = A$(J2)
210 A$(J2) = Z$
220 J2 = J2 - 1
230   IF J2 <  > J1 THEN 120
235   REM  ENDE EINER AUSPALTUNG
240 J2 = J2 + 1
250   IF J2 >  = N2 THEN 280
255   REM  J2,N2 IM KELLER MERKEN
260 K(I,1) = J2:K(I,2) = N2
270 I = I + 1
280 J1 = J1 - 1
290   IF N1 >  = J1 THEN 320
300 N2 = J1
310   GOTO 110
320 I = I - 1
321   REM  N1,N2 NEU SETZEN(KELLER)
330 N1 = K(I,1):N2 = K(I,2)
340   IF I > 0 THEN 110
350   FOR I = 1 TO N
360   PRINT A$(I)
370   NEXT I
380   END
```

```
80   QUICKSORT
WIEVIEL WORTE?12
1:?WIDDER         21.03.-20.04.
2:?STIER          21.04.-20.05.
3:?ZWILLINGE      21.05.-21.06.
4:?KREBS          22.06.-22.07.
5:?LOEWE          23.07.-23.08.
6:?JUNGFRAU       24.08.-23.09.
7:?WAAGE          24.09.-23.10.
8:?SKORPION       24.10.-22.11.
9:?SCHUETZE       23.11.-21.12.

           ↓

10:?STEINBOCK  22.12.-20.01.
11:?WASSERMANN 21.01.-19.02.
12:?FISCHE     20.02.-20.03.
FISCHE        20.02.-20.03.
JUNGFRAU      24.08.-23.09.
KREBS         22.06.-22.07.
LOEWE         23.07.-23.08.
SCHUETZE      23.11.-21.12.
SKORPION      24.10.-22.11.
STEINBOCK     22.12.-20.01.
STIER         21.04.-20.05.
WAAGE         24.09.-23.10.
WASSERMANN    21.01.-19.02.
WIDDER        21.03.-20.04.
ZWILLINGE     21.05.-21.06.
```

<u>Beispiel</u> 81. Mischen zweier Listen
<u>Problem/Beschreibung</u>. Zwei sortierte Listen sollen zu einer
Gesamtliste "gemischt" werden.

<u>Verfahren</u>. Gegeben seien zwei lexikographisch aufsteigend
angeordnete Listen A der Länge K und B der Länge M. Es wird
vorausgesetzt, daß sich die Listen A bzw. B auf dem Feld A$(I)
bzw. B$(I) befinden. Die Elemente der beiden Listen werden
der Reihe nach verglichen und das "kleinere" auf der Gesamtliste C$(N) jeweils abgelegt. Falls das letzte Element einer
der beiden Listen A oder B abgelegt wurde, wird es durch das
"größte" Element der anderen Liste ersetzt, damit der Ver-
gleich je zweier Elemente weiter korrekt abläuft. Die Gesamtliste wird zum Schluß ausgegeben.

<u>Hinweis</u>. Das Mischen zweier Listen ist ein wichtiger Baustein,
um große Datenbestände mit günstigem Zeitaufwand zu sortieren.
Halbieren wir z.B. eine Liste mit 1000 Elementen und sortieren
jede der beiden Teillisten mit 500 Elementen für sich, so
sparen wir von den ca. 500 000 Vergleichen für die Sortierung
der Gesamtliste die Hälfte ein. Das anschließende Mischen der
beiden Teillisten erfordert nur 1000 weitere Vergleiche von
je zwei Zeichenketten. In der Praxis hat das Mischen zweier
(oder mehrerer) sortierter Teillisten auch beim Ändern, dem
sog. Updating von Datenbeständen eine Anwendung.

<u>Aufgabe</u> 81. Erweitern Sie das Programm um die Eingabe zweier
(unsortierter) Listen A und B, die vor dem Mischen durch eines
der angegebenen Sortierverfahren vorsortiert werden.

```
81  MISCHEN ZWEIER LISTEN         ?SAARLAND
LAENGE LISTE A$,B$:5,6            ?SCHLESWIG-HOLSTEIN
EINGABE SORTIERTE LISTE A$        BADEN-WUERTTEMBERG
?BERLIN(WEST)                     BAYERN
?BREMEN                           BERLIN(WEST)
?HAMBURG                          BREMEN
?HESSEN                           HAMBURG
?NORDRHEIN-WESTFALEN              HESSEN
EINGABE SORTIERTE LISTE B$        NIEDERSACHSEN
?BADEN-WUERTTEMBERG               NORDRHEIN-WESTFALEN
?BAYERN                           RHEINLAND-PFALZ
?NIEDERSACHSEN                    SAARLAND
?RHEINLAND-PFALZ                  SCHLESWIG-HOLSTEIN
```

```
10   PRINT "81   MISCHEN ZWEIER LISTEN"
20   PRINT
30   INPUT "LAENGE LISTE A$,B$:";K,M
40   DIM A$(K),B$(M),C$(K + M)
50   PRINT "EINGABE SORTIERTE LISTE A$"
60   FOR I = 1 TO K
70   INPUT A$(I)
80   NEXT I
90   PRINT "EINGABE SORTIERTE LISTE B$"
100  FOR I = 1 TO M
110  INPUT B$(I)
120  NEXT I
130  I = 1:J = 1:N = 0
140  N = N + 1
150  IF N > K + M THEN 290
160  IF A$(I) < B$(J) THEN 230
170  C$(N) = B$(J)
180  J = J + 1
190  IF J < M + 1 THEN 140
200  B$(M) = A$(K)
210  J = J - 1
220  GOTO 140
230  C$(N) = A$(I)
240  I = I + 1
250  IF I < K + 1 THEN 140
260  A$(K) = B$(M)
270  I = I - 1
280  GOTO 140
290  FOR I = 1 TO N - 1
300  PRINT C$(I)
310  NEXT I
320  END
```

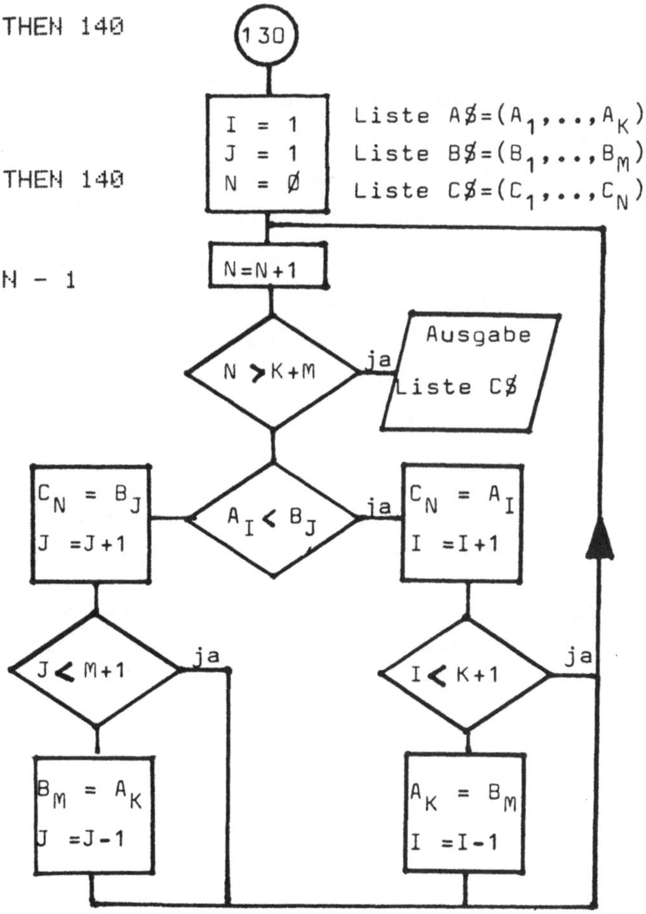

<u>Beispiel</u> 82. Mittelwert und Streuung
<u>Problem/Beschreibung</u>. Der arithmetische Mittelwert und die Streuung von N Werten ist zu bestimmen.

<u>Verfahren</u>. Nach Anforderung jedes Wertes X werden die Teilsummen M + X und S + X*X aufgebaut. Nach Abschluß der Eingabe mit * wird durch M/N der Mittelwert und danach mit dem Mittelwert M die Varianz S(neu) bestimmt:

$$S(neu) = (S - N*M*M)/(N-1)$$

Mittelwert M und Streuung SQR(S) werden angegeben.

<u>Aufgabe</u> 82. Erweitern Sie das Programm so, daß bei der Eingabe der Werte X zusätzlich eine Anzahl/Häufigkeit F angegeben werden kann.

<u>Beispiel</u> 83. Regression und Korrelation
<u>Problem/Beschreibung</u>. Für N Wertepaare sind die Regressionskoeffizienten der linearen Regression $X = A_y + B_y Y$ bzw. $Y = A_x + B_x X$ und der Korrelationskoeffizient zu bestimmen.

<u>Verfahren</u>. Nach Vorgabe der Anzahl N der Wertepaare werden mit der Anforderung eines Wertepaares X,Y die Summen aus den Faktoren X*Y, X*X, Y*Y neben den Mittelwertanteilen aufgebaut. Nach Ende der Eingabe werden die Koeffizienten teils direkt, teils mit Hilfe der Beziehungen

$$A_x = \overline{Y} - B_x \bullet \overline{X} \quad , \quad A_y = \overline{X} + B_y \bullet \overline{Y} \quad , \quad R(X,Y)^2 = B_x \bullet B_y$$

gebildet und angegeben. Beim Korrelationskoeffizienten R(X,Y) wird das korrekte Vorzeichen bestimmt.

<u>Aufgabe</u> 83. Erweitern Sie das Programm so, daß bei der Eingabe der Wertepaare X,Y die Anzahl N der Paare nicht vorher angegeben werden muß, sondern nur ein Schlußpaar *,* notwendig ist.

```
10   PRINT "82  MITTELWERT UND STREUUNG"
20   PRINT
30 M = 0:S = 0:N = 0
40   INPUT "EINZELWERT (ENDE=*):";X$
60   IF X$ = "*" THEN 120
70 X =  VAL (X$)
80 M = M + X
90 S = S + X * X
100 N = N + 1
110  GOTO 40
120 M = M / N
130 S = (S - N * M * M) / (N - 1)
140  PRINT : PRINT
150  PRINT "MITTELWERT="M;
160  PRINT "  STREUUNG=" SQR (S)
170  END

82  MITTELWERT UND STREUUNG
EINZELWERT (ENDE=*):-1
EINZELWERT (ENDE=*):0
EINZELWERT (ENDE=*):1
EINZELWERT (ENDE=*):*
MITTELWERT=0   STREUUNG=1


10   PRINT "83  REGRESSION UND KORRELATION"
20 R = 0:S = 0:R2 = 0:S2 = 0:P = 0
30   PRINT
40   PRINT "WIEVIELE WERTEPAARE";
50   INPUT N
60   FOR I = 1 TO N
70   PRINT "WERTEPAARE X,Y EINGEBEN";
80   INPUT X,Y
90 P = P + X * Y            83  REGRESSION UND KORRELATION
100 R = R + X               WIEVIELE WERTEPAARE?3
110 S = S + Y               WERTEPAARE X,Y EINGEBEN?-1,-1
120 R2 = R2 + X * X         WERTEPAARE X,Y EINGEBEN?0,0
130 S2 = S2 + Y * Y         WERTEPAARE X,Y EINGEBEN?1,1
140   NEXT I                X-MITTELWERT   =0
150 X = R / N               Y-MITTELWERT   =0
160 Y = S / N               KOEFFIZIENT BX=1
170 Z = P - R * S / N       KOEFFIZIENT AX=0
180 B1 = Z / (R2 - R * R / N)  KOEFFIZIENT BY=1
190 A1 = Y - B1 * X         KOEFFIZIENT AY=0
200 B2 = Z / (S2 - S * S / N)  KORRELATION R(X,Y)=1
210 A2 = X - B2 * Y
220   PRINT "X-MITTELWERT   ="X
230   PRINT "Y-MITTELWERT   ="Y
240   PRINT "KOEFFIZIENT BX="B1
250   PRINT "KOEFFIZIENT AX="A1
260   PRINT "KOEFFIZIENT BY="B2
270   PRINT "KOEFFIZIENT AY="A2
280   PRINT
290   PRINT "KORRELATION R(X,Y)=" SQR (B1 * B2) *  SGN (Z)
300   END
```

<u>Beispiel</u> 84. Regen/Zufallsgeneratoren

<u>Problem/Beschreibung</u>. Mit verschiedenen Zufallsgeneratoren soll ein "Regen" in einer quadratischen Fläche simuliert werden.

<u>Verfahren</u>. In einem 20x20-Feld werden nach Angabe der gewünschten Tropfenzahl T mit drei verschiedenen Zufallsgeneratoren nacheinander T Tropfen zufällig als Gitterpunkte X,Y des Feldes ausgewählt. Die Zufallsgeneratoren sind

$$(1) \quad \begin{aligned} X &= EXP(X+\Pi) - INT(EXP(X+\Pi)) \\ Y &= EXP(X+\Pi) - INT(EXP(X+\Pi)) \end{aligned}$$

$$(2) \quad X = RND(1) \qquad Y = RND(1)$$

$$(3) \quad \begin{aligned} X &= (X + \Pi){\uparrow}8 - INT(X + \Pi){\uparrow}8 \\ Y &= (X + \Pi){\uparrow}8 - INT(X + \Pi){\uparrow}8 \end{aligned}$$

Nach je 100 "Tropfen" wird das Feld mit allen bisherigen "Tropfen"(*) ausgegeben. Gleichzeitig wird die Gesamtzahl der Versuche und die tatsächliche Zahl der erzielten "Tropfen" angegeben. Das Endergebnis zeigt die "Güte" des Zufallsgenerators an. Bei hinreichend großer Tropfenzahl T müßte eine vollständige Überdeckung des Feldes entstehen.

<u>Hinweis</u>. Das Programm benutzt einen Befehl HOME, der den Cursor an den "Anfang"(links oben) des Bildschirms setzt und ihn löscht. Dieser Befehl ist nicht in allen BASIC-Systemen als HOME definiert, im Prinzip aber vorhanden(z.B. als CLEAR).

<u>Aufgabe</u> 84. Ändern Sie das Programm so ab, daß statt eines Quadrates eine Kreisfläche "beregnet" bzw. nur eine Kreisfläche ausgegeben wird.

```
10   PRINT "84   REGEN/ZUFALLSGENERATOREN"
20   PRINT
30   DIM A(20,20)
40   PRINT "400 FELDER, MAX. TROPFENZAHL";
50   INPUT T
60 PI = 3.14159
70 M = 1
80 N = 0
90 F =  - 1
100 Z = 0
110  HOME
120 L = 0
130  GOSUB 450
140  FOR L = 1 TO T
150  ON M GOTO 160,310,340
160 X =  EXP (X + PI) -  INT ( EXP (X + PI))
170 Y =  EXP (X + PI) -  INT ( EXP (X + PI))
180 R =  INT (20 * X) + 1
190 S =  INT (20 * Y) + 1
200  IF A(R,S) = 1 THEN 230
210 A(R,S) = 1
220 N = N + 1
230  IF L < > 100 *  INT (L / 100) THEN 260
240 Z = 1
250  GOSUB 450
260  NEXT L
270  STOP
280 M = M + 1
290  IF M < 4 THEN 80
300  END
310 X =  RND (1)
320 Y =  RND (1)
330  GOTO 180
340 X = X + PI
350 X = X * X
360 X = X * X
370 X = X * X
380 X = X -  INT (X)
390 Y = X + PI
400 Y = Y * Y
410 Y = Y * Y
420 Y = Y * Y
430 Y = Y -  INT (Y)
440  GOTO 180
450  FOR I = 1 TO 20
460  FOR K = 1 TO 20
470  IF Z = 1 THEN 500
480 A(I,K) = 0
490  GOTO 520
500  IF A(I,K) = 0 THEN 520
510  PRINT  TAB( K + 10)"*";
520  NEXT K
530  PRINT
540  NEXT I
550  PRINT
560  PRINT "METHODE "M;
570  PRINT  TAB( 14)"ANZAHL DER TROPFEN:"N
580  PRINT  TAB( 14)" ZAHL DER VERSUCHE:"L
590  IF F < N THEN 610
600  PRINT "KEINE AENDERUNG!!"
610 F = N
620  RETURN
```

```
84   REGEN/ZUFALLSGENERATOREN  !
400 FELDER, MAX. TROPFENZAHL?1000

         **********  ********
         ***********  ****  *  *
         **********  **********
         ******  ***  **    *****
          ***********  ******
         ****   **  *  *   ******
         **  ****************
         ************  ******
         **********  *********
         ****  **********  **
         **  ****************
         ********************
         ********************
          **  ********  *******
         *  **  *********  *****
         *************  *****
         *****************  *
         ***  ****************
         ******************
         *  **********  ******
METHODE 1    ANZAHL DER TROPFEN:362
             ZAHL DER VERSUCHE:1000
```

Beispiel 85. Irrfahrt auf dem Würfel

Problem/Beschreibung. Die "Irrfahrt" eines Käfers auf den
Kanten eines Würfels soll simuliert werden. Der Käfer startet
in einer Ecke und wählt einen der drei möglichen Wege jeweils
mit der gleichen Wahrscheinlichkeit. Erreicht er die diagonal
gegenüberliegende Ecke, so ist die "Irrfahrt" zu Ende. Für
eine wählbare Anzahl N von "Irrfahrten" soll angegeben werden,
welche Weglängen(Anzahl der durchlaufenen Kanten) mit welcher
Häufigkeit durchlaufen wurden und wie groß die durchschnitt-
liche Weglänge ist.

Verfahren. Jeder der acht Ecken des Würfels wird ihre "Entfernung" Z (Anzahl der Kanten) vom Startpunkt aus zugeordnet.
Für den Punkt mit Z = 3 gibt es kein Entrinnen(Endpunkt). Die
Übergangswahrscheinlichkeit für die Punkte mit Z=0,1 oder 2
gibt die folgende Tabelle an:

Übergangswahrscheinlichkeit von Z auf Z-1 bzw- Z+1

Z	0	1	2
Z-1	0	1/3	2/3
Z+1	1	2/3	1/3

Diese Tabelle wird durch

$$Z(neu) = Z + 2*INT(RND(1) + (3-Z)/3) - 1$$

im Programm realisiert. Die Häufigkeiten der verschiedenen
(ungeraden) Lauflängen werden im Feld $L(I)$ addiert. S ergibt
die Summe aller durchlaufenen Kanten.

Aufgabe 85. Ändern Sie das Programm so ab, daß der Käfer
auch bei einer Rückkehr zum Startpunkt (Z=0) gestoppt wird
und geben Sie die Häufigkeit für sein "Ende" in Z=0 und
Z=3 an.

```
10    PRINT "85   IRRFAHRT AUF DEM WUERFEL"
20    DIM L(99)
30    PRINT
40    PRINT "WIEVIEL VERSUCHE";
50    INPUT N
60 S = 0
70 M = 99
80    FOR I = 3 TO M
90 L(I) = 0
100   NEXT I
110   FOR K = 1 TO N
120 I = 0
130 Z = 0
140 Z = Z + 2 *  INT ( RND (1) + (3 - Z) / 3) - 1
150 I = I + 1
160   IF Z < 3 THEN 140
170 L(I) = L(I) + 1
180 S = S + I
190   NEXT K
200   PRINT : PRINT
210   PRINT "WEGLAENGE  WIE OFT?"
220   FOR I = 3 TO M STEP 2
230   IF L(I) = 0 THEN 250
240   PRINT I,L(I)
250   NEXT I
260   PRINT : PRINT
270   PRINT "DURCHSCHNITTSLAENGE:";
280   PRINT S / N" KANTEN"
290   END
```

```
85   IRRFAHRT AUF DEM WUERFEL !
WIEVIEL VERSUCHE?100
WEGLAENGE  WIE OFT?
3                    24
5                    20
7                    16
9                     8
11                    4
13                    7
15                    5
17                    2
19                    2
21                    3
23                    2
25                    4
31                    1
33                    1
41                    1
DURCHSCHNITTSLAENGE:9.52 KANTEN
```

<u>Beispiel</u> 86. Maus im Labyrinth

<u>Problem/Beschreibung</u>. Der Versuch einer "Maus", ein vorgege-
benes Labyrinth durch den einzigen Ausgang zu verlassen, soll
simuliert werden.

<u>Verfahren</u>. Das feste Labyrinth wird mit Hilfe der READ/DATA-
Anweisung erzeugt. Das Labyrinth wird als Gitternetz A$(X,Y)
aufgefaßt. Zu Beginn befindet sich die "Maus" im Punkt (2,2).
Von einem Punkt im Labyrinth kann die Maus bis zu acht Nachbarpunkte erreichen, von denen einige die Wände des Labyrinths
darstellen können. Von den möglichen Nachbarpositionen (keine
Wand) wird eine zufällig ausgewählt(Würfeln mit RND(X) aus 1
bis 8). Falls die Maus einen Punkt zum 2.Male erreicht, d.h.
eine unnötige Schleife vorliegt, wird die Schleife aus dem
bisherigen Weg gelöscht. Die Informationen über den bisherigen
Weg werden im Feld A$(I,K) abgesetzt(Gedächtnis).
Erreicht die Maus den Punkt (13,10) Ausgang, so wird das mit
der Anzahl der erforderlichen Zufallsentscheidungen angegeben.

<u>Hinweis</u>. Die "Bewegung" der Maus im Labyrinth wird vom Pro-
gramm für jeden Einzelschritt dargestellt. Die meisten BASIC-
Systeme lassen dafür ein "stehendes" Bild durch Löschen des
Bildschirms oder Rücksetzen des Cursor zu, hier 33Ø HOME.

<u>Aufgabe</u> 86. Ändern Sie das Programm so ab, daß die Maus bei
mehreren zulässigen Nachbarpositionen ihren Weg möglichst
"geradeaus", d.h. unter Beibehaltung der Richtung, fortsetzt.

```
86  MAUS IM LABYRINTH              II======================
II=======================          II @         @ @ @  II
II @                   II          II @II  ==== @II==== @II
II II  ====  II==== II              II @II    II @II  II @II
II II    II  II  II  II             II @II====II @    II @II
II II====II      II  II             II @ @    II @II @ @ @II
II       II II       II             II== @====== @II @  ====
II==  ======  II    ====            II   @ @ @ @II @    II
II            II       II           II II  II====== @II  II
II II  II====== II  II              II II II       @II  II
II II II        II  II              II      II  @    II
II        II       II               II================ @====
II================  ====            MAUS AM AUSGANG!
                                    NACH 99 ZUFALLSENTSCHEIDUNGEN
      (Unterbrechung)
```

```
10    PRINT "86   MAUS IM LABYRINTH"
20    DIM A(13,13)
30    FOR I = 1 TO 12
40    READ A$
50    FOR J = 1 TO 12
60 A(I,J) =  -  VAL ( MID$ (A$,J,1))
70    NEXT J
80    NEXT I
90 C = 0
100  X = 2:Y = 2:A(2,2) = 1
110  Z = 0
120  N =  INT (8 *  RND (1)) + 1
130 C = C + 1
140   ON N GOTO 150,160,170,180,190,200,210,220
150 I = X - 1:K = Y - 1: GOTO 230
160 I = X - 1:K = Y: GOTO 230
170 I = X - 1:K = Y + 1: GOTO 230
180 I = X:K = Y + 1: GOTO 230
190 I = X + 1:K = Y + 1: GOTO 230
200 I = X + 1:K = Y: GOTO 230
210 I = X + 1:K = Y - 1: GOTO 230
220 I = X:K = Y - 1
230   IF A(I,K) < 0 THEN 120
240   IF Z THEN 570
250   GOSUB 330
260   IF A(I,K) > 0 THEN 510
270 A(I,K) = N
280 X = I:Y = K
290   IF X > 12 THEN 610
300   GOTO 140
310   GOSUB 330
320   GOTO 610
330   HOME
340   FOR L = 1 TO 12
350   FOR M = 1 TO 12
360 J = A(L,M) + 3
370   IF J < 4 THEN 390
380 J = 4
390   ON J GOTO 400,420,440,460

400   PRINT "II";
410   GOTO 470
420   PRINT "==";
430   GOTO 470
440   PRINT "  ";
450   GOTO 470
460   PRINT " @";
470   NEXT M
480   PRINT
490   NEXT L
500   RETURN
510 N = A(X,Y):A(X,Y) = 0
520 A(X,Y) = 0
530 Z = 1
540 P = I:Q = K

640   DATA 211111111111
650   DATA 200000000002
660   DATA 202011021102
670   DATA 202002020202
680   DATA 202112000202
690   DATA 200002020002
700   DATA 210111020011
710   DATA 200000020002
720   DATA 202021110202
730   DATA 202020000202
740   DATA 200000200002
750   DATA 211111111011

550   ON N GOTO 190,200,210,220,150,160,170,180
560   STOP
570 X = I:Y = K
580   IF P = I AND Q = K THEN 110
590 N = A(I,K):A(I,K) = 0
600   GOTO 550
610   PRINT "MAUS AM AUSGANG!"
620   PRINT "NACH "C" ZUFALLSENTSCHEIDUNGEN"
630   END
```

Beispiel 87. Geburtstag

Problem/Beschreibung. Es soll die Wahrscheinlichkeit bestimmt
werden, daß von N Personen zwei am gleichen Tag des Jahres
ihren Geburtstag haben.

Verfahren. Nach Vorgabe von N wird die Wahrscheinlichkeit Q
bestimmt, daß alle N Personen verschiedene Geburtstage haben.
Die gesuchte Wahrscheinlichkeit ist dann P = 1 - Q .
Die Wahrscheinlichkeit Q dafür, daß N Personen alle einen
verschiedenen Tag des Jahres Geburtstag haben ist

$$Q = \frac{365}{365} * \frac{364}{365} * \ldots * \frac{365-N+1}{365} \quad .$$

Aufgabe 87. Schreiben Sie ein Programm für das Umkehrproblem:
Gegeben ist die Wahrscheinlichkeit P. Gesucht ist die Mindest-
zahl N von Personen, so daß zwei von ihnen mit der gegebenen
Wahrscheinlichkeit P am gleichen Tag des Jahres Geburtstag
haben.

Beispiel 88. Umgekehrte Polnische Notation(UPN)
Problem/Beschreibung. Ein beliebiger arithmetischer Ausdruck,
in dem neben den vier Grundrechenarten Potenzierungen erlaubt
sind, soll in seine umgekehrte Polnische Notation umgewandelt
werden.

Verfahren. Zur Vereinfachung werden nur einstellige Operanden
(Buchstaben oder Ziffern) zugelassen. Der Ausdruck wird als
Zeichenkette A$ gelesen und anschließend zuerst Zeichen für
Zeichen mit seiner Priorität bewertet, wobei die Operatoren
+ und - bzw. * und / gleiche Priorität erhalten. Ab Zeile 260
wird aus der Prioritätenliste S(I) die umgekehrte Polnische
Notation P$ aufgebaut. Für den Aufbau der Teilterme wird O(J)
bzw. O$ verwendet.

Aufgabe 88. Erweitern Sie das Programm auf die korrekte
Verarbeitung von zweistelligen Operanden(Buchstaben und Ziffern).

```
10   PRINT "88   UMGEKEHRTE POLNISCHE NOTATION"
20   DIM S(100),O(100)
30   PRINT
40   INPUT "F(X)=?";A$
50 O$ = "#"
60 P$ = O$
70   FOR L = 1 TO  LEN (A$)
80 D$ =  MID$ (A$,L,1)
90 M = 1
100  IF D$ = "(" THEN 210
110 M = M + 1
120  IF D$ = ")" THEN 210
130 M = M + 1
140  IF D$ = "+" THEN 210
150  IF D$ = "-" THEN 210
160 M = M + 1
170  IF D$ = "*" OR D$ = "/" THEN 210
180 M = M + 1
190  IF D$ = "^" THEN 210
200 M = 0
210 S(L) = M
220  NEXT L
230 I = 1:K = 1:J = 2
240 S( LEN (A$) + 1) = 0
250 O(1) =  - 1
260  IF S(I) = 0 THEN 380
270  IF S(I) = 2 THEN 320
280 O$ =  LEFT$ (O$,J - 1) +  MID$ (A$,I,1)
290 O$ = O$ +  RIGHT$ (O$, LEN (O$))
300 O(J) = S(I)
310 I = I + 1:J = J + 1: GOTO 260
320 I = I + 1:J = J - 1
330  IF O(J - 1) >  = S(I) THEN 360
340  IF I =  LEN (A$) + 1 THEN 400
350  GOTO 260
360 P$ = P$ +  MID$ (O$,J - 1,1)
370 J = J - 1:K = K + 1: GOTO 330
380 P$ = P$ +  MID$ (A$,I,1)
390 I = I + 1:K = K + 1: GOTO 330
400  PRINT "BEWERTUNG DER EINGABE"
410  FOR J = 1 TO  LEN (A$)
420  PRINT S(J);
430  NEXT J
440  PRINT : PRINT
450  PRINT "POLNISCHE NOTATION"
460  PRINT P$
470  GOTO 30
```

```
10   PRINT "87   GEBURTSTAG"
20   PRINT
30   PRINT "WIEVIELE PERSONEN";
40   INPUT N
50 Q = 1
60   FOR I = 1 TO N
70 Q = Q * (365 - I) / 365
80   NEXT I
90   PRINT "WAHRSCHEINLICHKEIT, DASS 2 PERSONEN"
100  PRINT "AM GLEICHEN TAG GEBURTSTAG HABEN: " INT (100 * (1 - Q) + 0.5) /
     100
110  GOTO 20
120  END
```

```
87   GEBURTSTAG
WIEVIELE PERSONEN?22
WAHRSCHEINLICHKEIT, DASS 2 PERSONEN
AM GLEICHEN TAG GEBURTSTAG HABEN: .51
WIEVIELE PERSONEN?365
WAHRSCHEINLICHKEIT, DASS 2 PERSONEN
AM GLEICHEN TAG GEBURTSTAG HABEN: 1
```

```
88   UMGEKEHRTE POLNISCHE NOTATION
F(X)=?(2+3*4^2)*((3-5/6)*8-2^8)
BEWERTUNG DER EINGABE
1030405024110304024030502
POLNISCHE NOTATION
#2342^*+356/-8*28^-*
```

```
F(X)=?((2*3-1))
BEWERTUNG DER EINGABE
110403022
POLNISCHE NOTATION
#23*1-
```

<u>Beispiel</u> 89. Sitzzahl nach d'Hondt

<u>Problem/Beschreibung</u>. Nach dem d'Hondtschen Höchstzahlverfah-
ren sollen N Sitze auf P Parteien/Listen nach der erreichten
Stimmenzahl verteilt werden.

<u>Verfahren</u>. Die Gesamtstimmenzahlen A(I) für jede Partei/Liste
werden mit dem Namen A$(I) angefordert. Nach der Bestimmung
der prozentualen Stimmenverteilung, werden die Stimmenzahlen
A(I) gemäß dem d-Hondtschen Verfahren der Reihe nach durch
1,2, usw. dividiert und die N Sitze nach der Reihenfolge der
ermittelten Quotienten den Parteien/Listen zugeteilt. Anschließend wird die prozentuale Verteilung der Sitze festgestellt. Die Verteilung kann mit einer geänderten Sitzzahl N
wiederholt werden. Abbruch bei Sitzzahl N=Ø.

<u>Hinweis</u>. Das Berechnungsverfahren kommt mit je einer Höchst-
zahl für jede Partei/Liste zu einem zu vergebenden Sitz aus.

<u>Aufgabe</u> 89. Ändern Sie das Programm so ab, daß die Sitzver-
gabe bei der Ausgabe spaltenweise der jeweiligen Partei/Liste
zugeordnet wird(Spaltenüberschrift Parteiname A$(I)).

```
89  SITZZAHL NACH D'HONDT
WIEVIEL PARTEIEN/LISTEN?3
NAME PARTEI/LISTE , STIMMENZAHL
?CDU,120000
?SPD,100000
?F.D.P.,20000
ZAHL DER SITZE?10
PROZENTUALE STIMMENVERTEILUNG
CDU                     50 %
SPD                     41.6 %
F.D.P.                  8.3 %
VERTEILUNG DER 10 SITZE
SITZ 1     GEHT AN:CDU
SITZ 2     GEHT AN:SPD
SITZ 3     GEHT AN:CDU
SITZ 4     GEHT AN:SPD
SITZ 5     GEHT AN:CDU
SITZ 6     GEHT AN:SPD
SITZ 7     GEHT AN:CDU
SITZ 8     GEHT AN:SPD
SITZ 9     GEHT AN:CDU
SITZ 10    GEHT AN:F.D.P.
PARTEI/LISTE        SITZE PROZENT
CDU                   5     50
SPD                   4     40
F.D.P.                1     10
```

```
10    PRINT "89  SITZZAHL NACH D'HONDT"
20    PRINT
30    PRINT "WIEVIEL PARTEIEN/LISTEN";
40    INPUT P
50 A(0) = 0
60    PRINT "NAME PARTEI/LISTE , STIMMENZAHL"
70    FOR I = 1 TO P
80    INPUT A$(I),A(I)
90 A(0) = A(0) + A(I)
100    NEXT I
110    INPUT "ZAHL DER SITZE?";N
120    IF N = 0 THEN 390
130    PRINT "PROZENTUALE STIMMENVERTEILUNG"
140    PRINT
150    FOR I = 1 TO P
160    PRINT A$(I) TAB( 25) INT (1000 * A(I) / A(0)) / 10" %"
170 B(I) = 1
180    NEXT I
190    PRINT
200    PRINT "VERTEILUNG DER "N" SITZE"
210    FOR I = 1 TO N
220 M = 1
230    FOR K = 1 TO P
240    IF A(K) < A(M) THEN 260
250 M = K
260    NEXT K
270    PRINT "SITZ "I TAB( 10)"GEHT AN:"A$(M)
280 A(M) = A(M) * B(M) / (B(M) + 1)
290 B(M) = B(M) + 1
300    NEXT I
310    PRINT : PRINT
320    PRINT "PARTEI/LISTE" TAB( 18)"SITZE" TAB( 24)"PROZENT"
330    FOR I = 1 TO P
340    PRINT A$(I) TAB( 20)B(I) - 1;
350    PRINT  TAB( 26) INT (1000 * (B(I) - 1) / N) / 10
360 A(I) = A(I) * B(I)
370    NEXT I
380    GOTO 110
390    END
```

<u>Beispiel</u> 90. Verfolgung

<u>Problem/Beschreibung</u>. Ein Fuchs verfolgt einen Hasen. Dabei soll der Hase in eine konstante Richtung mit der Sprunglänge P laufen. Der Weg des Fuchses mit der Sprunglänge Q soll dargestellt werden, wobei angenommen wird, daß der Fuchs direkt auf die jeweilige Position des Hasen zuläuft und seine Richtung jeweils nach einem Sprung ändern kann.

<u>Verfahren</u>. Die Positionen von Hase und Fuchs werden in einem rechtwinkligen Koordinatensystem dargestellt. Anfangs befinde sich der Hase im Ursprung (0,0) mit Fluchtrichtung in Richtung der Y-Achse. Der Fuchs befinde sich im Punkt (X,Y), der bei Beginn vorzugeben ist. Der Hase befindet sich nach k Sprüngen im Punkt $(0,k\bar{P})$, die Position des Fuchses ergibt sich durch k-fache Ersetzung gemäß

$$X(neu) = X - Q*X/D$$
$$Y(neu) = Y + Q(kP - Y)/D$$

wobei D die Entfernung Fuchs-Hase mit $D^2 = X^2 + (Y- kP)^2$ ist.

<u>Aufgabe</u> 90. Ändern Sie das Programm so ab, daß für Hase und Fuchs ein Ermüdungsfaktor P1 bzw. Q1 in Prozent der Sprunglängen vorgegeben werden kann.

```
10   PRINT "90   VERFOLGUNG"
20   PRINT
30 Z = 0
40   PRINT "HASE IN (0,0), FUCHS IN (X,Y)";
50   INPUT X,Y
60   PRINT "SPRUNGLAENGE:HASE,FUCHS (M)";
70   INPUT P,Q
80   PRINT "HASE      FUCHS      ABSTAND"
90   PRINT " Y        X      Y            D"
100 D =  SQR (X * X + (Y - Z) ^ 2)
110   PRINT  INT (10 * Z + 0.5) / 10;
120   PRINT  TAB( 8) INT (10 * X + 0.5) / 10;
130   PRINT  TAB( 14) INT (10 * Y + 0.5) / 10;
140   PRINT  TAB( 23) INT (10 * D + 0.5) / 10
150   IF  ABS (D) < 0.1 THEN 20
160 X = X - Q * X / D
170 Y = Y + Q * (Z - Y) / D
180 Z = Z + P
190   GOTO 100
200   END
```

```
90   VERFOLGUNG
HASE IN (0,0), FUCHS IN (X,Y)?5,5
SPRUNGLAENGE:HASE,FUCHS (M)?0.4,0.8
HASE      FUCHS      ABSTAND
 Y        X      Y            D
0         5      5            7.1
.4        4.4    4.4          6
.8        3.8    3.9          4.9
1.2       3.2    3.4          3.9
1.6       2.6    2.9          2.9
2         1.9    2.6          1.9
2.4       1.1    2.3          1.1
2.8       .3     2.4          .5
3.2       -.2    3            .2
3.6       .4     3.6          .4
4         -.4    3.6          .6
4.4       .2     4.2          .3
4.8       -.3    4.8          .3
5.2       .5     4.8          .6
5.6       -.1    5.3          .3
6         .2     6            .2
6.4       -.6    5.9          .8
6.8       0      6.4          .4
7.2       0      7.2          0
HASE IN (0,0), FUCHS IN (X,Y)?0,6
SPRUNGLAENGE:HASE,FUCHS (M)?0.4,.8
HASE      FUCHS      ABSTAND
 Y        X      Y            D
0         0      6            6
.4        0      5.2          4.8
.8        0      4.4          3.6
1.2       0      3.6          2.4
1.6       0      2.8          1.2
2         0      2            0
```

<u>Beispiel</u> 91. Rezepte

<u>Problem/Beschreibung</u>. Aus einer Auswahl von Speisen soll ein Menü von N verschiedenen Gängen zufällig zusammengestellt werden.

<u>Verfahren</u>. Aus einer 1.Gruppe von Begriffen (Zigeuner, Sauer, Sahne usw.) und einer 2.Gruppe von Begriffen (Käse, Braten, Torte usw.) werden N "Gänge" mit Hilfe des Zufallsgenerators RND(X) zufällig kombiniert.

<u>Hinweis</u>. Zum besseren Verständnis des Programms sollte man sich über die "Addition" von Zeichenketten und die Bedeutung von RESTORE im BASIC-Teil 4.1 bzw. 3.2 informieren.

<u>Aufgabe</u> 91. Ändern Sie das Programm so ab, daß der jeweilige Gang aus drei Begriffsgruppen gebildet wird.

```
10   PRINT "91  REZEPTE"
20   PRINT
30   PRINT "WIEVIEL GAENGE";
40   INPUT N
50   FOR I = 1 TO N
60 X =   INT (18 *  RND (1)) + 1
70   FOR K = 1 TO 18
80   READ D$
90   IF X <  > K THEN 110
100 A$ = D$
110   NEXT K
120 X =   INT (18 *  RND (1)) + 1
130   FOR K = 1 TO 18
140   READ D$
150   IF X <  > K THEN 170
160 B$ = D$
170   NEXT K
180   PRINT
190   PRINT  TAB( 10)I". GANG" TAB( 20)A$ + B$
200   RESTORE
210   NEXT I
220   GOTO 20
230   DATA ZIGEUNER-,SAUER-,SAHNE-,KRAEUTER-,WURST-,NUDEL-
240   DATA RAUCH-,MILCH-,HEFE-,FISCH-,BRAT-,DAMPF-
250   DATA SEMMEL-,WIND-,SAND-,LEBER-,REIS-,RUM-
260   DATA KAESE,BRATEN,TORTE,PUDDING,AUFLAUF,TASCHEN
270   DATA  EIS,KLOESSE,EIER,GEBAECK,KOMPOTT,BREI
280   DATA FLEISCH,KEULE,RAGOUT,RUECKEN,SUPPE,MUS
290   END


91  REZEPTE          !
WIEVIEL GAENGE?4
          1.GANG     WIND-KOMPOTT
          2.GANG     SEMMEL-KAESE
          3.GANG     REIS-KEULE
          4.GANG     DAMPF-RAGOUT
WIEVIEL GAENGE?6
          1.GANG     KRAEUTER-BRATEN
          2.GANG     RUM-RAGOUT
          3.GANG     ZIGEUNER-PUDDING
          4.GANG     SAHNE-KOMPOTT
          5.GANG     HEFE-KAESE
          6.GANG     KRAEUTER-EIS
WIEVIEL GAENGE?4
          1.GANG     SAHNE-EIS
          2.GANG     DAMPF-KAESE
          3.GANG     WIND-EIER
          4.GANG     ZIGEUNER-KAESE
WIEVIEL GAENGE?5
          1.GANG     RUM-FLEISCH
          2.GANG     SAHNE-BRATEN
          3.GANG     RAUCH-AUFLAUF
          4.GANG     SAUER-TORTE
          5.GANG     SAND-TASCHEN
```

<u>Beispiel</u> 92. Konzentration

<u>Problem/Beschreibung</u>. Die Konzentration eines Wirk- oder Schadstoffes über einen Zeitraum von N Jahren soll bestimmt werden unter der Annahme, daß P Prozent des Stoffes pro Jahr verbraucht bzw. abgebaut werden.

<u>Verfahren</u>. Es wird angenommen, daß der Wirk- oder Schadstoff mit einem Wert K = 1 pro Jahr wirksam wird. Mit einem Abbau von P Prozent pro Jahr ergibt sich nach Ablauf jedes Jahres als neuer Wert

$$K(neu) = K*(1 - P/100) .$$

Die jeweilige Konzentration am Ende eines Jahres wird für die Jahre 1 bis N angegeben.

<u>Aufgabe</u> 92. Erweitern Sie das Programm auf die Möglichkeit, den Einsatz des Wirk- oder Schadstoffes auf H Zeitpunkte eines Jahres zu verteilen.

<u>Beispiel</u> 93. Zielversuch

<u>Problem/Beschreibung</u>. Ein 100 Meter entferntes Ziel soll durch einen Wurf mit dem Abwurfwinkel A und einer Abwurfgeschwindigkeit V getroffen werden. Als "Treffer" zählt jede Abweichung vom Ziel bis zu 1% der Entfernung.

<u>Verfahren</u>. Nach Vorgabe des Abwurfwinkels A und der Abwurfgeschwindigkeit V wird die Wurfweite R bestimmt mittels

$$R = 2*V^2*SIN(A)*COS(A)/9.81 ,$$

wobei angenommen wird, daß sich Ziel und Abwurfpunkt in gleicher Höhe befinden. "Treffer" bzw. Wurfweite R werden angegeben. Bei "Treffer" wird Entfernung um 100 m erhöht.

<u>Aufgabe</u> 93. Ändern Sie das Programm so ab, daß nach einem erzielten Treffer die Zielentfernung Z vorgegeben werden kann.

 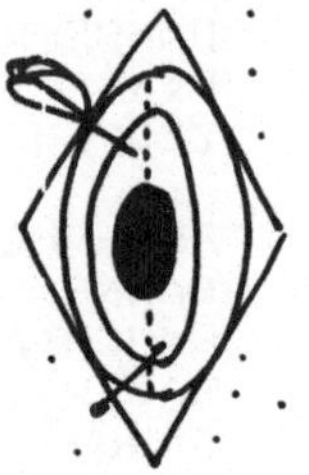

```
10   PRINT "92  KONZENTRATION"
20   PRINT
30   PRINT "SCHAD-/WIRKSTOFF =1 PRO JAHR"
40   INPUT "ABBAU PRO JAHR IN %:";P
50   INPUT "      WIEVIEL JAHRE?";J
60 K = 0
70   FOR I = 1 TO J
80 K = K + 1
90 K = K * (1 - P / 100)
100   PRINT "KONZENTRATION "I".JAHR:";
110   PRINT  TAB( 25) INT (100 * K + 0.5) / 100
120   NEXT I
130   END
```

```
92  KONZENTRATION                 92  KONZENTRATION
SCHAD-/WIRKSTOFF =1 PRO JAHR      SCHAD-/WIRKSTOFF =1 PRO JAHR
ABBAU PRO JAHR IN %:50           ABBAU PRO JAHR IN %:30
        WIEVIEL JAHRE?10                 WIEVIEL JAHRE?10
KONZENTRATION 1.JAHR:     .5      KONZENTRATION 1.JAHR:     .7
KONZENTRATION 2.JAHR:     .75     KONZENTRATION 2.JAHR:     1.19
KONZENTRATION 3.JAHR:     .88     KONZENTRATION 3.JAHR:     1.53
KONZENTRATION 4.JAHR:     .94     KONZENTRATION 4.JAHR:     1.77
KONZENTRATION 5.JAHR:     .97     KONZENTRATION 5.JAHR:     1.94
KONZENTRATION 6.JAHR:     .98     KONZENTRATION 6.JAHR:     2.06
KONZENTRATION 7.JAHR:     .99     KONZENTRATION 7.JAHR:     2.14
KONZENTRATION 8.JAHR:     1       KONZENTRATION 8.JAHR:     2.2
KONZENTRATION 9.JAHR:     1       KONZENTRATION 9.JAHR:     2.24
KONZENTRATION 10.JAHR:    1       KONZENTRATION 10.JAHR:    2.27
```

```
10   PRINT "93  ZIELVERSUCH"
20 Z = 100
30   PRINT
40   PRINT "ZIEL IST "Z" METER ENTFERNT."
50   PRINT "WINKEL(GRAD),GESCHWDK.(M/SEC)";
60   INPUT A,V
70   PRINT
80 A = A * 3.1416 / 180
90 R = 2 * V * V *  SIN (A) *  COS (A) / 9.81
100   PRINT "WURF LANDET BEI ";
110   PRINT  INT (100 * R + 0.5) / 100" METER!"
120   IF  ABS (R - Z) > Z / 100 THEN 30
130   PRINT "BRAVO. TREFFER!!"
140 Z = Z + 100
150   GOTO 30
160   END
```

```
93  ZIELVERSUCH
ZIEL IST 100 METER ENTFERNT.
WINKEL(GRAD),GESCHWDK.(M/SEC)?45,30
WURF LANDET BEI 91.74 METER!
ZIEL IST 100 METER ENTFERNT.
WINKEL(GRAD),GESCHWDK.(M/SEC)?45,33
WURF LANDET BEI 111.01 METER!
ZIEL IST 100 METER ENTFERNT.
WINKEL(GRAD),GESCHWDK.(M/SEC)?45,31.3
WURF LANDET BEI 99.87 METER!
BRAVO. TREFFER!!
ZIEL IST 200 METER ENTFERNT.
```

<u>Beispiel</u> 94. Photoelektrischer Effekt

<u>Problem/Beschreibung</u>. Der Photoelektrische Effekt nach Albert Einstein, wonach Elektronen nur bis zu einer maximalen Wellenlänge der Bestrahlung aus Metalloberflächen austreten, soll simuliert werden für die Metalle Platin, Blei und Silber.

<u>Verfahren</u>. Nach der Auswahl des Metalles Platin(1), Blei(2) oder Silber(3) wird die Grenzfrequenz (Rotgrenze) des äußeren Photoeffekts festgesetzt. Anschließend wird ein "Versuch" simuliert, bei dem der Photostrom in Microampere eines Zählgerätes über den kritischen Wellenlängenbereich in drei Teilversuchen A,B,C "gemessen" wird. Dem Zählgerät wird ein statistisches "Rauschen" mit Hilfe der RND-Funktion unterlegt. Nach Ablauf eines Gesamtversuches kann die Intensität der Bestrahlung erhöht werden(Faktor K) oder eines der anderen Metalle gewählt werden.

<u>Aufgabe</u> 94. Erweitern Sie das Programm so, daß aus den drei Versuchensergebnissen jeweils das arithmetische Mittel gebildet und zusätzlich angegeben wird.

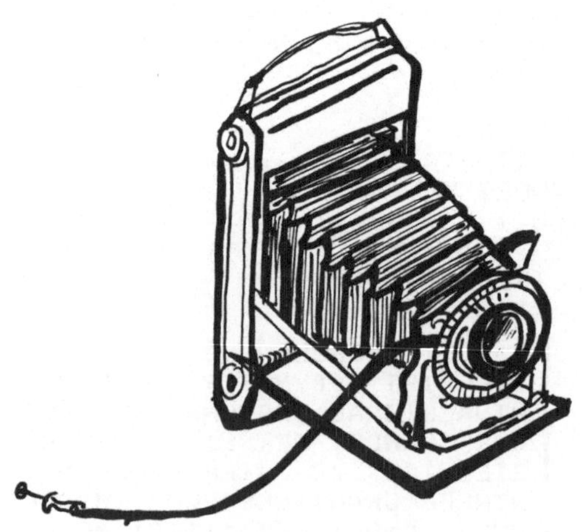

```
10   PRINT "94   PHOTOELEKTRISCHER EFFEKT"
20   PRINT
30   PRINT "PLATIN(1),BLEI(2),SILBER(3)"
40   INPUT "WELCHES METALL?";N
50   FOR I = 1 TO N
60   READ V
70   NEXT I
80   DATA 0.308,0.340,0.385
90   RESTORE
100 K =  INT (1 + 2 *  RND (1))
110  PRINT : PRINT
120  PRINT  TAB( 25)"MICROAMPERE"
130  PRINT "WELLENLAENGE  INTENS.    A      B      C"
140  FOR L = 0.42 TO .25 STEP  - 0.02
150 M =  INT (1000 / L)
160  PRINT M,K;
170  FOR J = 1 TO 3
180  IF L > V THEN 210
190 I =  SQR ( INT (25 *  RND (1)))
200  GOTO 220
210 I =  SQR (K * K * 100 +  INT (35 *  RND (1)))
220 N =  INT (10 * I + 0.5) / 10
230  PRINT  TAB( 18 + 6 * J)N;
240  NEXT J
250  PRINT
260  NEXT L
270  PRINT
280  PRINT "ERHOEHUNG DER INTENSITAET(JA=1)"
290  INPUT G
300  IF G <  > 1 THEN 340
310  INPUT "WELCHER FAKTOR?";F
320 K = K * F
330  GOTO 110
340  INPUT "EIN ANDERES METALL(JA=1)?";G
350  IF G = 1 THEN 20
360  END
```

```
94  PHOTOELEKTRISCHER EFFEKT   !
PLATIN(1),BLEI(2),SILBER(3)
WELCHES METALL?2
                         MICROAMPERE
WELLENLAENGE   INTENS.    A      B      C
2380             1        11.2   11.5   10.7
2500             1        11     11.2   10.2
2631             1        11     10.1   11.1
2777             1        10.9   11.6   10.3
2941             1        4      2.2    4.2
3125             1        4.9    4.1    4.5
3333             1        2      1      4.5
3571             1        2.6    4.5    0
3846             1        3.3    1      1.7
ERHOEHUNG DER INTENSITAET(JA=1)?0

EIN ANDERES METALL(JA=1)?0
```

<u>Beispiel</u> 95. Periodensystem

<u>Problem/Beschreibung</u>. Aus der Ordnungszahl N eines chemischen Elementes soll seine Elektronenkonfiguration bestimmt werden.

<u>Verfahren</u>. Nach Vorgabe der Ordnungszahl N werden die Elektronen nach Anzahl und Lage auf den "Schalen" verteilt. Abweichungen vom "theoretischen" Schalenmodell werden nicht erfaßt. Für Elemente mit N>103 wird angegeben: "ELEMENT IST UNBEKANNT.   DIE KONFIGURATION IST: " (folgt theoretische Elektronenverteilung).

<u>Aufgabe</u> 95. Ändern Sie das Programm so ab, daß die "Sonderfälle" des Periodensystems richtig wiedergegeben werden.

<u>Beispiel</u> 96. Einstein

<u>Problem/Beschreibung</u>. Größe, Gewicht und Alter eines Zwillings, der sich gegenüber dem zweiten Zwilling mit V Prozent der Lichtgeschwindigkeit c bewegt, soll bestimmt werden.

<u>Verfahren</u>. Nach Vorgabe von V (Prozentsatz von c) ergibt die Division mit 100 die relative Geschwindigkeit des Zwillings. Größe H1, Gewicht M1 und Alter A1 werden aus den vorgegebenen Werten des zweiten Zwillings Größe H in cm, Gewicht M in kg und Alter A in Jahren gemäß

$$H1 = H*G \quad , \quad M1 = M/G \quad und \quad A1 = A*G$$

mit dem Einstein'schen Relativitätsfaktor G = SQR(1 - V*V) bestimmt.

<u>Aufgabe</u> 96. Ändern Sie das Programm so ab, daß vor der Berechnung der Werte H1, M1 und A1 für den Zwilling eine Schätzung der Werte angefordert wird und die prozentuale Abweichung von den exakten Werten mit als Ergebnis angegeben wird.

```
96  EINSTEIN
WIEVIEL PROZENT VON C?90
GROESSE(CM), GEWICHT(KG), ALTER(JR)
?170,70,46
GESCHWINDIGKEIT DES ZWILLINGS
269.8128 MILLIONEN METER/SEC
    DU            ZWILLING
CM:170            74.1
KG:70             160.59
JR:46             20.05
```

```
10    PRINT "95   PERIODENSYSTEM"
20    DIM E(24)
30    READ F$,E$
40 E$ = F$ + E$
50    FOR I = 1 TO 24
60    READ E(I)
70    NEXT I
80    PRINT
90    INPUT "ORDNUNGSZAHL?";N
100   IF N = 0 THEN 280
110   IF N < 104 THEN 130
120   PRINT "ELEMENT UNBEKANNT!"
130   PRINT "DIE KONFIGURATION IST:"
140 S = 0
150   FOR K = 1 TO 24
160 S = S + E(K)
170 I = 2 * (K - 1) + 1
180   IF S > = N THEN 220
190   PRINT  MID$ (E$,I,2)" ";
200   PRINT E(K)" ";
210   NEXT K
220   PRINT  MID$ (E$,I,2)" "E(K) + N - S
230   GOTO 80
240   DATA "1S2S2P3S3P4S3D4P5S4D5P"
250   DATA "4F5D6P7S5F6D7P8S5G6F7D8P"
260   DATA 2,2,6,2,6,2,10,6,2,10,6,2,14
270   DATA 10,6,2,14,10,6,2,18,14,10,6
280   END
```

```
95   PERIODENSYSTEM
ORDNUNGSZAHL?1
DIE KONFIGURATION IST:
1S 1

ORDNUNGSZAHL?50
DIE KONFIGURATION IST:
1S 2 2S 2 2P 6 3S 2 3P 6 4S 2 3D 10 4F 6 5S 2 4D 10 5P 2
```

```
10    PRINT "96  EINSTEIN"
20    PRINT
30    PRINT "WIEVIEL PROZENT VON C";
40    INPUT V
50 V = V / 100
60 V1 = V * 299.792
70 G =  SQR (1 - V * V)
80    PRINT "GROESSE(CM), GEWICHT(KG), ALTER(JR)"
90    INPUT H,M,A
100 H1 =   INT (100 * H * G) / 100
110 M1 =   INT (100 * M / G) / 100
120 A1 =   INT (100 * A * G) / 100
130   PRINT "GESCHWINDIGKEIT DES ZWILLINGS"
140   PRINT V1" MILLIONEN METER/SEC"
150   PRINT
160   PRINT "    DU" TAB( 20)"ZWILLING"
170   PRINT "CM:"H; TAB( 22)H1
180   PRINT "KG:"M; TAB( 22)M1
190   PRINT "JR:"A; TAB( 22)A1
200   END
```

<u>Beispiel</u> 97. Hasen und Füchse

<u>Problem/Beschreibung</u>. Zum Zeitpunkt T=0 befinden sich in einem umgrenzten Gebiet X Hasen und Y Füchse. Die zeitliche Entwicklung der beiden Populationen soll unter der Bedingung simuliert werden, daß für die Hasen stets Nahrung vorhanden ist.

<u>Verfahren</u>. Die Anzahlen X(T) und Y(T) der Hasen und Füchse als Funktion der Zeit werden annähernd beschrieben durch

$$X'(T) = 2X(T) - 2X(T)Y(T) = 2X(1 - Y)$$
$$Y'(T) = -Y(T) + X(T)Y(T) = Y(X - 1) = F(X,Y)$$

mit den Differentialquotienten X'(T), Y'(T).
Zur Lösung der beiden Differentialgleichungen wird die einfache Methode der EULER-Polygone verwendet. Dazu wird der Zustand (X,Y) schrittweise ersetzt durch (X+H, Y+H•F(X,Y)) mit der Schrittweite H. Im Programm wird H = 0.01 im Zeitraum T = 0 bis 6 zugrundegelegt.

<u>Hinweis</u>. Für die Anfangswerte X=Y= 1 wäre das System stabil, d.h. es würden keine zeitlichen Änderungen eintreten. Um "realistische" Verhältnisse herzustellen, wird der Gleichgewichtspunkt X=Y=1 durch Normierung auf X= 200 Hasen und Y= 10 Füchse festgesetzt. Der Bereich bis X=1200 Hasen und Y=34 Füchse kann vom Programm graphisch dargestellt werden.

<u>Aufgabe</u> 97. Ändern Sie das Programm so ab, daß die Zeitphase des jeweiligen Zustandes durch INT(T) bei der graphischen Darstellung mit angegeben wird.

```
10    PRINT "97   HASEN UND FUECHSE"
20    PRINT
30    DIM F(30,20)
40    INPUT "ANZAHL HASEN, FUECHSE:";X,Y
50 X = X / 200
60 Y = Y / 10
70    FOR T = 0 TO 6 STEP 0.01
80 R =    INT (5 * X + 0.5) + 1
90 S =    INT (5 * Y + 0.5) + 1
100   IF R > 30 OR S > 20 THEN 130
110   IF F(R,S) > 0 THEN 130
120 F(R,S) =    INT (T) + 1
130 X0 = X + 2 * X * (1 - Y) * 0.01
140 Y = Y + Y * (X - 1) * 0.01
150 X = X0
160   NEXT T
170   PRINT "FUECHSE"
180   FOR S = 1 TO 18
190   PRINT 36 - 2 * S;
200   FOR R = 1 TO 30
210   IF F(R,19 - S) = 0 THEN 230
220   PRINT  TAB( 3 + R)F(R,19 - S) - 1;
230   NEXT R
240   PRINT
250   NEXT S
260   PRINT "     I----I----I----I----I----I----I"
270   PRINT "     0   200  400  600  800 HASEN"
280   END

97   HASEN UND FUECHSE
ANZAHL HASEN, FUECHSE:1000,10
FUECHSE
34    00000000
32    00          00
30    0              000
28    0                000
26    1                 00
24 11                 00
22 1                  00
20 1                    00
18 1                     00
16 1                      00
14 1                       00
12 1                        055
10 1                        0 5
8    2                        5
6    2                      555
4    2                    55555
2    33444444455555555555555
0
     I----I----I----I----I----I----I----I
     0   200  400  600  800 HASEN
```

<u>Beispiel</u> 98. LIFE

<u>Problem/Beschreibung</u>. Das Simulations-Spiel LIFE nach John
Conway soll dargestellt werden. Dabei wird das Schicksal einer
vorzugebenden Ausgangspopulation unter bestimmten "Spielregeln" schrittweise simuliert. Die Ausgangspopulation wird
auf einem Gitternetz aus Zeilen und Spalten angesiedelt. Jedes
Element(Zelle) der Population befindet sich in einem Gitterpunkt und kann daher bis zu acht Nachbarn auf den benachbarten
Gitterpunkten haben. Es gelten folgende "Spielregeln":
1.Jedes Element(Zelle) mit 2 oder 3 Nachbarn überlebt in der
   betreffenden Generation.
2.Jedes Element mit mehr als 3 Nachbarn stirbt (übervölkert).
3.In jedem leeren Gitterpunkt mit genau 3 Nachbarn wird ein
   neues Element(Zelle) geboren.

<u>Verfahren</u>. Die Ausgangspopulation wird zeilenweise angefor-
dert, nachdem die Anzahl der Generationen für die Simulation
angegeben wurde. Die Anordnung der Elemente(Zellen) wird auf
dem Feld $S(M,R)$ abgelegt und ausgegeben. Vor der Auswertung
der "Spielregeln" wird das Feld $S(M,R)$ auf $X(I,K)$ so über-
tragen(Verschiebung um 2 Zeilen und 2 Spalten), daß keine
für die Auswertung störenden "Ränder" auftreten. Damit eine
simultane Auswertung aller Gitterpunkte erreicht werden kann,
wird jeder Punkt bezüglich seiner acht Nachbarpunkte "ausgezählt" und das Ergebnis(Überleben, Sterben, Geburt) wieder
in $S(M,R)$ aufgebaut, während in $X(I,K)$ "ausgezählt" wird.
Das Endergebnis in jeder Generation wird als Anzahl der leben-
den Elemente(Zellen) und der derzeitigen Verteilung im Gitter
ausgegeben. Falls die Population ausstirbt oder die Dimension
der Felder $S(20,40)$, $X(20,40)$ überschritten ist, wird eine
Abbruchmeldung gegeben.

<u>Aufgabe</u> 98. Erweitern Sie das Programm so, daß die Anzahlen
der Nachbarn in den drei "Spielregeln" frei vorgegeben werden
können.

```
98  LIFE
WIEVIEL GENERATIONEN?10
AUSGANGSPOPULATION IN ZEILEN
ZELLE=*, LEER=+, ENDE=ENDE
?****
?****
?****
?****
?++++****
?++++****
?++++****
?++++****
?ENDE
0.GENERATION
ES LEBEN JETZT:32
****
****
****
****
        ****
        ****
        ****
        ****
1.GENERATION
ES LEBEN JETZT:22
   **
  *   *
 *     *
 *     *
  *      **
   **      *
     *     *
     *     *
      *   *
       **
2.GENERATION
ES LEBEN JETZT:34
    **
   ****
  **   **
  **    *
   **     **
    **      **
      *     **
      **   **
       ****
        **


3.GENERATION
ES LEBEN JETZT:24
   *   *
  *     *
         *
       **
  *   *  ***
   *** *  *
       **
       *
      *     *
       *   *
4.GENERATION
ES LEBEN JETZT:24
       **
        **
        ** *
   * *   ***
   ***  * *
     * **
      **
       **
5.GENERATION
ES LEBEN JETZT:16
     ***

       *     *
   *  *      *
   *      * *
   *     *


     ***
6.GENERATION
ES LEBEN JETZT:12
        *
        *
       *

     *       **
  **        *


        *
       *
       *
7.GENERATION
ES LEBEN JETZT:8
       **


     *         *
     *         *


         **
8.GENERATION
ES LEBEN JETZT:0
AUSGESTORBEN!!
```

```
10   PRINT "98  LIFE"
20   DIM S(20,40),X(20,40)

40 A = 0
50 S = 0
60   INPUT "WIEVIEL GENERATIONEN?";R1
70   PRINT "AUSGANGSPOPULATION IN ZEILEN"
80   PRINT "ZELLE=*, LEER=+, ENDE=ENDE"
90   FOR M = 1 TO 20
100   INPUT M$
110   IF M$ = "ENDE" THEN 200
120   FOR R = 1 TO  LEN (M$)
130   IF  MID$ (M$,R,1) <  > "*" THEN 160
140 S(M,R) = 1
150 A = A + 1
160 S = (R + S + (R - S) *  SGN (R - S)) / 2
170   NEXT R
180   NEXT M

200 G = 0

220 N1 = M - 1
230   GOTO 610
240 G = G + 1
250 A = 0
260 V = 0
270   FOR M = 1 TO N1
280   FOR R = 1 TO S
290 J = 0
300   IF M < 20 AND R < 40 THEN 330
310   PRINT "RAND ERREICHT. ENDE!"
320   GOTO 990
330   IF  NOT X(M,R + 1) OR R = S THEN 350
340 J = J + 1
350   IF  NOT X(M + 1,R + 1) OR M = N1 OR R = S THEN 370
360 J = J + 1
370   IF  NOT X(M + 1,R) OR M = N1 THEN 390
380 J = J + 1
390   IF M = N1 OR R = 1 THEN 420
400   IF  NOT X(M + 1,R - 1) THEN 420
410 J = J + 1
420   IF R = 1 THEN 450
430   IF  NOT X(M,R - 1) THEN 450
440 J = J + 1
450   IF M = 1 OR R = 1 THEN 480
460   IF  NOT X(M - 1,R - 1) THEN 480
470 J = J + 1
480   IF M = 1 THEN 510
490   IF  NOT X(M - 1,R) THEN 510
500 J = J + 1
510   IF M = 1 OR R = S THEN 540
520   IF  NOT X(M - 1,R + 1) THEN 540
530 J = J + 1
```

```
540  IF J = 3 THEN 560: REM  GEBURT
550  IF J <  > 2 OR  NOT X(M,R) THEN 580
560 S(M,R) = 1
570 A = A + 1
580  NEXT R
590  NEXT M
600  PRINT
610  PRINT G".GENERATION"
620  PRINT "ES LEBEN JETZT:"A
630  IF A > 0 THEN 660
640  PRINT "AUSGESTORBEN!!"
650  GOTO 990
660 A = 50
670 J = 50
680 C = 0
690 D = 0
700  FOR M = 1 TO N1
710  FOR R = 1 TO S
720  IF  NOT S(M,R) THEN 780
730 J = (J + M + (J - M) *  SGN (M - J)) / 2
740 A = (A + R + (A - R) *  SGN (R - A)) / 2
750 C = (C + M + (C - M) *  SGN (C - M)) / 2
760 D = (D + R + (D - R) *  SGN (D - R)) / 2
770  PRINT  TAB( R)"*";
780  NEXT R
790  PRINT
800  NEXT M
810  IF G >  = R1 THEN 990
820 C = C - J + 3
830 D = D - A + 3
840  FOR I = 1 TO 20
850  FOR K = 1 TO 40
860 X(I,K) = 0
870  NEXT K
880  NEXT I
890  FOR M = 1 TO N1
900  FOR R = 1 TO S
910  IF  NOT S(M,R) THEN 940
920 X(M - J + 2,R - A + 2) = 1
930 S(M,R) = 0
940  NEXT R
950  NEXT M
960 N1 = C
970 S = D
980  GOTO 240
990  END
```

```
98  LIFE
WIEVIEL GENERATIONEN?2
AUSGANGSPOPULATION IN ZEILEN
ZELLE=*, LEER=+, ENDE=ENDE
?***+++***
?+
?+
?+
?***+++***
?ENDE
0.GENERATION
ES LEBEN JETZT:12
***    ***




***    ***
1.GENERATION
ES LEBEN JETZT:12
 *      *
 *      *
 *      *

 *      *
 *      *
 *      *
```

```
2.GENERATION
ES LEBEN JETZT:12

***    ***



***    ***
```

(Fortsetzung links)

Beispiel 99. BUNNY

Problem/Beschreibung. Der Kopf eines Hasen(Bunny) soll graphisch dargestellt werden.

Verfahren. Meist werden "Micky-Mouse-Bilder" direkt in eine Folge von PRINT-Befehlen zerlegt, die beim Ablauf des Programms die Bildstruktur zeilenweise wiedergeben. Das angegebene Programm geht jedoch einen anderen Weg. Die Bildstruktur wird digital verschlüsselt und in DATA-Anweisungen abgelegt. Beim Ablauf des Programms wird das Bild zwar auch wieder zeilenweise (von oben nach unten) aufgebaut. Dabei werden jedoch die DATA-Anweisungen der Reihe nach entschlüsselt. Dabei bedeutet -1 einen Zeilenvorschub(PRINT), ein Zahlen-Paar,z.B. 17,33 bedeutet Spalte 17 bis 33 drucken. Als Druckmuster wird dabei die Buchstabenfolge BUNNY verwendet.

Hinweis. Das Verfahren kann für jedes "Bildmuster" verwendet werden. Dazu muß man sich lediglich ein Raster von "Punkten" vorgeben, das auf die Größe des Bildschirmes oder des Druckformates zugeschnitten ist. Für jede Zeile des "Bildes" muß dann eine Verschlüsselung in einer DATA-Anweisung erfolgen.

Aufgabe 99. Realisieren Sie das BUNNY-Porträt durch eine direkte Folge von PRINT-Befehlen.

```
10    PRINT "99   BUNNY"
20    PRINT : PRINT : PRINT : PRINT
30 A$ = "BUNNYBUNNYBUNNYBUNNYBUNYBUNNYBUNNYBUNNYBUNNYBUNNYBUN"
40    PRINT
50    READ X
60    IF X < 0 THEN 40
70    IF X > 128 THEN 120
80    PRINT  TAB( X + 5);
90    READ Y
100    PRINT  MID$ (A$,X + 1,Y - X + 1);
110    GOTO 50
120    PRINT : PRINT
130    DATA  1,2,-1,0,2,45,50,-1
140    DATA 0,5,43,52,-1,0,7,41,52,-1
150    DATA  1,9,37,50,-1,2,11,36,50,-1
160    DATA  3,13,34,49,-1,4,14,32,48,-1
170    DATA 5,15,31,47,-1,6,16,30,45,-1
180    DATA 7,17,29,44,-1,8,19,28,43,-1
190    DATA 9,20,27,41,-1,10,21,26,40,-1
200    DATA 11,22,25,38,-1,12,22,24,36,-1
210    DATA 13,34,-1,14,33,-1,15,31,-1
220    DATA 17,29,-1,18,27,-1,19,26,-1
230    DATA 16,28,-1,13,30,-1,11,31,-1
240    DATA   10,32,-1,8,33,-1,7,34,-1
250    DATA 6,13,16,34,-1,5,12,16,35,-1
260    DATA 4,12,16,35,-1,3,12,15,35,-1
270    DATA 2,35,-1,1,35,-1,2,34,-1
280    DATA 3,34,-1,4,33,-1,6,33,-1
290    DATA 10,32,34,34,-1
300    DATA 14,17,19,25,28,31,35,35,-1
310    DATA 15,19,23,30,36,36,-1
320    DATA 14,18,21,21,24,30,37,37,-1
330    DATA 13,18,23,29,33,38,-1
340    DATA 12,29,31,33,-1,11,13,17
350    DATA 17,19,19,22,22,24,31,-1
360    DATA 10,11,17,18,22,22,24,24
370    DATA 29,29,-1,22,23,26,29,-1
380    DATA 27,29,-1,28,29,-1,1000
390    END
```

99   BUNNY

```
     UN
     BUN                                  UNNYBU
     BUNNYB                             YBUNNYBUN
     BUNNYBUN                          NNYBUNNYBUN
      UNNYBUNNY                       NYBUNNYBUNNYBU
       NNYBUNNYBU                    NNYBUNNYBUNNYBU
       NYBUNNYBUNN                   BUNNYBUNNYBUNNYB
        YBUNNYBUNNY                 NYBUNNYBUNNYBUNNY
         BUNNYBUNNYB               NNYBUNNYBUNNYBUNN
         UNNYBUNNYBU              UNNYBUNNYBUNNYBU
          NNYBUNNYBUN            BUNNYBUNNYBUNNYB
          NYBUNNYBUNNY          YBUNNYBUNNYBUNNY
           YBUNNYBUNNYB        NYBUNNYBUNNYBUN
            BUNNYBUNNYBU      NNYBUNNYBUNNYBU
             UNNYBUNNYBUN    UNNYBUNNYBUNNY
              NNYBUNNYBUN  BUNNYBUNNYBUN
              NYBUNNYBUNYBUNNYBUNNYB
              YBUNNYBUNYBUNNYBUNNY
              BUNNYBUNYBUNNYBUN
               NNYBUNYBUNNYB
               NYBUNYBUNN
               YBUNYBUN
              UNNYBUNYBUNNY
              NYBUNNYBUNYBUNNYBU
             UNNYBUNNYBUNYBUNNYBUN
             BUNNYBUNNYBUNYBUNNYBUNN
            NYBUNNYBUNNYBUNYBUNNYBUNNY
            NNYBUNNYBUNNYBUNYBUNNYBUNNYB
           UNNYBUNN    UNNYBUNYBUNNYBUNNYB
           BUNNYBUN    UNNYBUNYBUNNYBUNNYBU
           YBUNNYBUN   UNNYBUNYBUNNYBUNNYBU
           NYBUNNYBUN  BUNNYBUNYBUNNYBUNNYBU
          NNYBUNNYBUNNYBUNNYBUNYBUNNYBUNNYBU
         UNNYBUNNYBUNNYBUNNYBUNYBUNNYBUNNYBU
          NNYBUNNYBUNNYBUNNYBUNYBUNNYBUNNYB
          NYBUNNYBUNNYBUNNYBUNYBUNNYBUNNYB
          YBUNNYBUNNYBUNNYBUNYBUNNYBUNNY
          UNNYBUNNYBUNNYBUNYBUNNYBUNNY
           BUNNYBUNNYBUNYBUNNYBUNN B
             YBUN YBUNYBU   YBUN      U
             BUNNY    YBUNNYBU        N
             YBUNN  U  BUNNYBU         N
             NYBUNN     YBUNNYB    YBUNNY
            NNYBUNNYBUNYBUNNYB NNY
            UNN   N Y  N BUNNYBUN
            BU      NN   N B     B
                        NY   NNYB
                             NYB
                             YB
```

7 DATEI-BEFEHLE (FLOPPY DISK)

In vielen Fällen ergibt sich auch für den Benutzer eines
Heim-Computers der Wunsch, DATEN in computerlesbarer Form
anzulegen. Wenn es sich um wenige und konstante DATEN handelt,
können sie innerhalb eines BASIC-Programmes vereinbart werden.
Sobald es sich aber um umfangreichere Datensammlungen, d.h.
um DATEIEN, handelt, möchte man sie auf externen Datenträgern
(Band, Diskette, Platte) ablegen, damit sie nach dem Abschal-
ten des Computers nicht verlorengehen.
Für die Heim-Computer setzt sich als externes Speichermedium
immer stärker die Mini-Diskette (5 1/4 Zoll) durch. Für den
Einsatz ist dann mindestens ein Laufwerk(FLOPPY) notwendig.
Die Diskette hat gegenüber der Kompakt-Kassette wesentliche
Vorteile. Sie besitzt ein größeres Speichervolumen, das heute
den Megabyte-Bereich (1 Million Zeichen) erreicht. Sie ist
wesentlich schneller und erlaubt den direkten Zugriff zu den
einzelnen Daten. Dafür ist sie allerdings (noch) deutlich
teurer in der Anschaffung des FLOPPY-Laufwerkes.
Im folgenden wird die Arbeit mit der Diskette in Grundzügen
beschrieben. Dazu werden zunächst die beiden DATEI-Typen
erklärt. Anschließend wird das ANLEGEN, SCHREIBEN und LESEN
beider DATEI-Typen an Beispielen erläutert.
Leider gibt es für die DATEI-Befehle (noch) keine einheitliche Sprache. Die Befehle sind also leider von System zu
System unterschiedlich. Trotz einer gemeinsamen Grundstruktur
ist es deshalb notwendig, die Beispiele auf einzelne System-
familien hin zu formulieren. Selbst innerhalb einer System-
familie gibt es verschiedene DATEI-Sprachen.
Die beiden COMMODORE-Varianten werden in Kap. 7.4/7.5 angegeben. Die Beschreibung der einheitlichen APPLE-Version wird
in Kapitel 7.7 geliefert. Abschließend werden die DATEI-Befehle
in Kapitel 7.6 in der CP/M-Version formuliert. Zwar hat man
damit eine (weitgehend) systemunabhängige Form zur Verfügung,
man benötigt allerdings wiederum eine systemabhängige CP/M-
Software für die Anwendung auf dem jeweiligen Einzelsystem.
Die Verfügung über ein FLOPPY-Laufwerk eröffnet den Zugang zu
leistungsfähigen DATEI-, TEXT- und GRAFIK-Programmsystemen.

7.1 DATEI-Typen

Eine <u>Datei</u> ist eine computerlesbare Aufzeichnung von <u>Zeichen</u>
auf einem externen Datenträger(Band, Diskette, Platte). Jede
Datei hat einen <u>Namen</u>, unter dem sie beschrieben oder wieder
gelesen werden kann. Jede Datei besteht aus <u>Datensätzen</u>
(records). Man kann sich eine Datei wie eine geordnete <u>Liste</u>
vorstellen, deren Elemente die einzelnen Datensätze sind.
Bezüglich des Aufbaus und der Verarbeitung haben wir zwei
verschiedene Typen von Dateien zu unterscheiden.
Der (historisch) erste Typ ist die <u>sequentielle</u> Datei. Diese
Datei wird von vorn nach hinten(=sequentiell) beschrieben
und wieder von vorn nach hinten gelesen. Dieser Typ ist auf
die Bandform des Datenträgers zugeschnitten. Die Datensätze
stehen physikalisch auf dem Band in einer seriellen Folge.
Der entscheidende Vorteil der sequentiellen Datei besteht
darin, daß die einzelnen Datensätze auch bei unterschiedlicher
Länge direkt hintereinander auf den Träger geschrieben werden
können. Zwischen den Datensätzen befindet sich lediglich ein
Trennzeichen, der Aufbau erfolgt Return für Return. Um einen
bestimmten Datensatz aus einer sequentiellen Datei zu lesen,
muß aber die gesamte Datei von vorn durchgelesen werden. Das
ist besonders bei großen Dateien sehr zeitaufwendig. Dafür
ist die Programmierung sequentieller Dateien recht einfach.
Mit der Einführung der Magnetplatte und der Diskette hat sich
die <u>Random-Access Datei</u> stark durchgesetzt. Kennzeichen des
zweiten Datei-Typs ist die <u>einheitliche</u> Länge der Datensätze
in einer Datei. Damit wird zwar meist Speicherplatz für das
Auffüllen der Datensätze mit Leerzeichen verschenkt. Man kann
aber auf jeden einzelnen Datensatz <u>direkt</u> zugreifen. Wegen
der kreisförmigen physikalischen Form von Diskette und Platte
kann jeder Datensatz nach einer Umdrehung des Trägers vom
Träger gelesen werden. Die Programmierung der Random-Access
Dateien ist etwas aufwendiger. Einerseits muß in den Datei-
Befehlen die Datensatz-Länge angegeben werden, andererseits
ist ein zusätzlicher Befehl mit der Angabe der Datensatz-
Nummer notwendig. Bevor auf die Einzelheiten eingegangen wird,
soll zunächst die Struktur der Datei-Befehle erklärt werden.

7.2 Struktur DATEI-Befehle

Jeder Zugriff auf eine Datei beginnt mit dem <u>Öffnen</u> der Datei
durch einen OPEN-Befehl. Man kann sich das wie das Öffnen
einer Schublade vorstellen, in die man dann etwas hineintun
oder herausnehmen will.
Das Arbeiten mit einer Datei endet stets mit dem <u>Schließen</u>
der Datei durch einen CLOSE-Befehl. Die Schublade wird also
gewissermaßen geschlossen.
Das Öffnen und Schließen einer Datei hat eigentlich nur hard-
warebedingte(=gerätebedingte) Gründe. Die Verbindung zum Laufwerk wird über eine meist geringe Anzahl von Leitungen hergestellt. Mit dem OPEN-Befehl wird also eine bestimmte Leitung
(=Kanal) belegt und mit dem CLOSE-Befehl wieder freigegeben.
Damit wird auch deutlich, daß immer nur eine bestimmte Anzahl
von Dateien gleichzeitig 'geöffnet' sein kann, weil für jede
offene Datei eine Leitung benötigt wird. Diese Abhängigkeit
von der jeweiligen Hardeware zeigt eine weitere Rückständig-
keit der Datei-Befehle bzw. der Betriebssysteme an.
Es gibt leider eine weitere hardwarebedingte Einschränkung
der Datei-Programmierung. Für die Übertragung der Datensätze
zum und vom Laufwerk wird ein spezieller Zwischenspeicher
(=Puffer) benötigt. Während die Datensatzlänge auf der Diskette praktisch für alle Anforderungen ausreicht, ist die
Pufferlänge erheblich eingeschränkt und auch noch von System
zu System unterschiedlich. Für das Schreiben bzw. Lesen der
Datensätze muß man also immer auf die zulässige Pufferlänge
achten. Wenn der Puffer für den betr. Fall nicht ausreicht,
so muß man den gewünschten Datensatz 'zerstückeln' und in
Teilen übertragen. Besonders aufwendig wird das, wenn man die
Länge des Datensatzes im Programm variabel anlegen möchte.
Zusätzlich muß man noch beachten, daß die tatsächliche Länge
eines Datensatzes wegen des notwendigen Trennzeichens(Return)
um 1 erhöht werden muß. Schließlich muß beim Lesen einer
Random-Access Datei die Satzlänge genau mit der Satzlänge des
vorangegangenen Schreibens übereinstimmen.
Datei-Befehle sind äußerst anfällig gegen geringfügige Ver-
änderungen und haben auch versteckte Nebenwirkungen. Machen
Sie sich deshalb zunächst mit einfachen Beispielen vertraut.

Das <u>Schreiben</u> in bzw. das <u>Lesen</u> aus einer Datei erfolgt mit den gewohnten PRINT- bzw. INPUT-Befehlen. Beim APPLE DOS 3.3 sind dabei keinerlei weitere Zusätze notwendig. Dafür muß die Zuordnung zur betr. DATEI über spezielle WRITE- bzw. READ-Befehle erfolgen und die PRINT- bzw. INPUT-Befehle wirken nur auf die geöffnete DATEI. Man kann also dann nicht auf dem Bildschirm ausgeben oder über die Tastatur eingeben.

In allen anderen Fällen wird die <u>Zuordnung</u> zur gewünschten DATEI über je eine <u>logische Dateinummer</u> hergestellt. In jedem PRINT- bzw. INPUT-Befehl muß also eine logische Dateinummer angegeben werden.

Beim MBASIC in CP/M muß Schreiben bzw. Lesen über einen Puffer programmiert werden. Dazu muß eine Puffervariable mit einer FIELD-Anweisung bei Random-Access Dateien festgelegt werden. Außerdem müssen <u>numerische</u> Variable mit speziellen Befehlen in Zeichenketten umgewandelt werden.

In manchen Fällen möchte man ein bestimmtes Programm von dem einen in einen anderen DATEI-Dialekt übertragen. Das ist grundsätzlich kein großes Problem, wenn man die Befehle der beiden Dialekte einander in einer kleinen Liste zuordnet. Probleme treten meist dann auf, wenn die zugelassenen Längen der Zeichenketten bzw. des INPUT-Puffers stark voneinander abweichen.

In den nachfolgenden Beispielen wird über die einzelnen DATEI-Systeme hinweg eine einheitliche Zeilennumerierung vorgenommen. Damit lassen sich die DATEI-Befehle der vier angegebenen Dialekte direkt vergleichen.

Bei den Beispielen können nur die <u>Grundaufgaben</u> behandelt werden. Bezüglich weitergehender Aufgaben muß man auf die Handbücher der einzelnen Systeme zurückgreifen. Die Beispiele der Grundaufgaben können jedoch das Verständnis der DATEI-Programmierung wesentlich erleichtern.

Für die Formulierung der Grundaufgaben wird absichtlich nicht die kürzeste, sondern eine übersichtliche Lösung bevorzugt.

7.3 Grundaufgaben bei DATEIEN

Es werden folgende vier Grundaufgaben behandelt:

Aufgabe SS: Schreiben Sequentielle Datei

Es sollen N Datensätze unter dem Datei-Namen F$ als sequentielle Datei(S-Datei) angelegt werden.

Eingabe: Datei-Name F$, Anzahl Datensätze N
          und N Datensätze A$(I)

Aufgabe LS: Lesen Sequentielle Datei

Es sollen alle Datensätze der sequentiellen Datei F$ von der Diskette gelesen und auf dem Bildschirm ausgegeben werden.

Eingabe: Dateiname F$

Aufgabe SR: Schreiben Random-Access Datei

Es sollen N Datensätze unter dem Datei-Namen F$ als Random-Access Datei(R-Datei) angelegt werden.

Eingabe: Datei-Name F$, N Datensätze A$(I)
          und Länge des Datensatzes L

Aufgabe LR: Lesen Random-Access Datei

Einzelne Datensätze sollen aus der Random-Access Datei F$ von der Diskette gelesen und auf dem Bildschirm ausgegeben werden.

Eingabe: Datei-Name F$, Länge des Datensatzes L
          und Nummern der gewünschten Datensätze

Diese vier Aufgaben werden für die vier Systeme

```
          COMMODORE BASIC 2
          COMMODORE BASIC 4
          APPLE DOS 3.3
          APPLE CP/M-MBASIC
```

in den folgenden vier Abschnitten getrennt ausgeführt.

Weiterführung: Wenn Sie sich mit den Grundaufgaben auf Ihrem System vertraut gemacht haben, sollten Sie folgende Aufgaben selbst lösen:

- Anhängen(APPEND) weiterer Datensätze an eine S-Datei
- Schreiben einzelner Datensätze in eine R-Datei
- Zusammensetzen/Zerlegen von Datensätzen
- Zugriff auf verschiedene Laufwerke(falls vorhanden)

7.4 COMMODORE BASIC 2

<u>Befehle S-Datei/BASIC 2</u>:   Sequentielle Datei

Löschen und Öffnen einer S-Datei zum Schreiben:
```
OPEN1,8,2,"@:"+F$+"S,W"
```
Die 1.Zahl(hier 1) gibt die <u>logische Dateinummer</u> an. Sie kann
1 bis 127 betragen und dient der Zuordnung des OPEN-Befehls
zu den Schreib- und Lesebefehlen bzw. dem CLOSE-Befehl. Die
zweite Zahl (=8) ist die <u>feste Gerätenummer</u> des Laufwerkes.
Die 3.Zahl (hier 2) legt den Kanal zum Laufwerk fest   kann
2 bis 14 betragen. Beachten Sie aber, daß maximal <u>drei</u> S-Datei-
en gleichzeitig geöffnet sein dürfen. Danach folgt das Symbol
"@:" zum Löschen einer Datei gleichen Namens, der Dateiname
und das Symbol "S,W" zur Kennzeichnung <u>S</u>equentiell und für den
<u>Modus</u> Schreiben(=<u>W</u>rite). Die Symbole müssen zusammen eine
Zeichenkette ergeben und sind deshalb durch + verbunden.

Öffnen einer S-Datei zum Lesen:
```
OPEN1,8,2,F$+"S,R"
```
Die 3 Zahlen gelten analog dem Schreib-Modus. Zum Lesen darf
die Datei natürlich nicht vorher gelöscht werden. Es bleibt
neben dem Datei-Namen F$ also das Symbol "S,R",d.h. <u>S</u>equentiell
und <u>Modus</u> Lesen(=<u>R</u>ead).

Schreiben/Lesen in bzw. aus der geöffneten S-Datei:
```
PRINT#1,N                     INPUT#1,N
PRINT#1,A$(I)                 INPUT#1,A$(I)
```
Man kann also numerische Werte und Zeichenketten schreiben
bzw. lesen. Die maximale Länge einer Zeichenkette kann 255
Zeichen betragen. Man beachte aber, daß der INPUT-Befehl nur
maximal 78 Zeichen übertragen kann.
Wesentlich ist die Angabe der <u>logischen Dateinummer</u>(hier #1),
damit die Schreib- und Lese-Befehle dem Datei-Namen überhaupt
zugeordnet werden können. Wenn Sie mehr als eine Datei geöffnet haben, muß sowohl die logische Dateinummer als auch die
Kanalnummer im OPEN-Befehl verschieden sein!

Schließen einer S-Datei:
```
CLOSE1              (nur logische Dateinummer angeben)
```
Wird eine Datei nicht geschlossen, so ist sie unvollständig.

<u>Befehle R-Datei/BASIC 2</u>: Random-Access Datei

Öffnen einer R-Datei zum Schreiben <u>oder</u> Lesen:
          OPEN1,8,2,F$+",L,"+CHR$(L+1)

Die drei Zahlen entsprechen denen der S-Dateien: <u>logische</u>
Dateinummer(hier 1), Gerätenummer Laufwerk (8) und Kanal-
nummer(hier 2). Die nachfolgende Zeichenkette enthält zuerst
den Datei-Namen(hier F$) und dann die feste Datensatzlänge in
der Form ",L,"+CHR$( ), wobei die Länge einschließlich Return
(hier L+1) als Argument von CHR$( ) angegeben wird.

Öffnen des Kommandokanals 15 zum DOS(Disk Operating System):
          OPEN2,8,15

Die logische Dateinummer(hier 2) muß von der des eigentlichen
OPEN-Befehls verschieden sein, 8 ist die Nummer des Laufwerks
und 15 die Nummer des Kommandokanals zum DOS. Über diesen
Kanal kann ein Lösch-Kommando und die Datensatznummer übertragen werden.

Übertragung Löschkommando und Datensatznummer:
     PRINT#2,"S:F$"   PRINT#2,"P"+CHR$(2)+CHR$(R+1)+CHR$(0)+CHR$(1)
Über den Kanal 15 kann die Datei gelöscht werden. S steht
hier für SCRATCH, der Datei-Name(hier F$) folgt <u>ohne</u> + .
Die Datensatznummer wird beim Schreiben <u>und</u> Lesen mit einem
PRINT-Befehl über Kanal 15 als Zeichenkette gesendet. Dem
Symbol "P" folgen immer <u>vier</u> CHR$( )-Ausdrücke(+ beachten!).
1.Wert ist die <u>Kanalnummer</u>(hier 2) des OPEN-Befehls der R-
Datei. Der 2.Wert gibt die Datensatznummer von 1 bis 255 an.
der 3.Wert(hier 0) liefert X*256, also bei X=2 einen Anteil
von 512(=2*256) zur Datensatznummer. Der letzte Wert gibt die
Nummer des Zeichens im Datensatz(hier 1) an, von der ab geschrieben oder gelesen werden soll. Bei mehr als 255 Datensätzen muß man die Datensatznummer also zerlegen.

Schreiben/Lesen in bzw. aus einer geöffneten R-Datei:
Ist völlig analog zu den Befehlen bei S-Dateien(siehe links).

Schließen einer R-Datei:
          CLOSE1: CLOSE2
Man muß also zusätzlich den Kommandokanal 15 schließen.

Die angegebenen Programme sind lauffähig auf VC 20 und C 64.
Für CBM-Systeme mit BASIC 4 wird jedoch dieses empfohlen.

<u>Verlauf SS/BASIC 2</u>: <u>S</u>chreiben <u>S</u>equentielle Datei

```
1ØØ Löschen des Bildschirms
11Ø Ausgabe der Überschrift
12Ø Eingabe des Datei-Namens F$
13Ø Eingabe der Anzahl N der Datensätze
14Ø Dimensionierung des Eingabefeldes A$( )
15Ø Eröffnen der Schleife für Eingabe der Datensätze
16Ø Abfrage des I.Datensatzes
17Ø Eingabe des I.Datensatzes A$(I)
18Ø Ende der Eingabeschleife
2ØØ Löschen und Öffnen der S-Datei F$ zum Schreiben(Write)
21Ø Schreiben der Anzahl N als 1.Information
22Ø Eröffnen der Schreibschleife für die Datensätze
23Ø Datensatz A$(I) auf die Diskette schreiben
24Ø Ende der Schreibschleife
25Ø Schließen der Datei F$
26Ø Ende
```

<u>Verlauf LS/BASIC 2</u>: <u>L</u>esen <u>S</u>equentielle Datei

```
1ØØ Löschen des Bildschirmes
11Ø Ausgabe der Überschrift
12Ø Eingabe des Datei-Namens F$
13Ø Öffnen der S-Datei F$ zum Lesen(Read)
14Ø Lesen der Anzahl N als 1.Information
15Ø Ausgabe der Anzahl N der Datensätze auf dem Bildschirm
16Ø Dimensionierung des Datenfeldes A$( )
17Ø Eröffnen der Schleife zum Lesen der N Datensätze
18Ø Lesen des I.Datensatzes aus der Datei F$
19Ø Ende der Leseschleife
2ØØ Schließen der Datei F$
21Ø Eröffnen der Schleife für die Ausgabe der N Datensätze
22Ø Ausgabe des I.Datensatzes auf dem Bildschirm
23Ø Ende der Ausgabeschleife
24Ø Ende
```

Programm SS/BASIC 2:   Schreiben Sequentielle Datei

```
100 PRINT CHR$(147)
110 PRINT "SCHREIB S-DATEI"
120 PRINT: INPUT "NAME DER DATEI";F$
130 PRINT: INPUT "ANZAHL DER DATENSAETZE";N
140 DIM A$(N)
150 FOR I=1 TO N
160 PRINT I".DATENSATZ:"
170 INPUT  A$(I)
180 NEXT I
200 OPEN1,8,2,"@:"+F$+"S,W"
210 PRINT#1,N
220 FOR I=1 TO N
230 PRINT#1,A$(I)
240 NEXT I
250 CLOSE1
260 END
```

Programm LS/BASIC 2:   Lesen Sequentielle Datei

```
100 PRINT CHR$(147)
110 PRINT "LIES S-DATEI"
120 PRINT: INPUT "NAME DER DATEI:";F$
130 OPEN1,8,2,F$+"S,R"
140 INPUT#1,N
150 PRINT: PRINT "ANZAHL DATENSAETZE="N
160 DIM A$(N)
170 FOR I=1 TO N
180 INPUT#1,A$(I)
190 NEXT I
200 CLOSE1
210 PRINT: FOR I=1 TO N
220 PRINT A$(I)
230 NEXT I
240 END
```

Verlauf SR/BASIC 2:   Schreiben Random-Access Datei

```
1ØØ Löschen des Bildschirms
11Ø Ausgabe der Überschrift
12Ø Eingabe des Datei-Namens F$
13Ø Eingabe der Anzahl N der Datensätze
14Ø Dimensionierung des Eingabefeldes A$( )
15Ø Eröffnen der Eingabeschleife der Datensätze
16Ø Abfrage des I.Datensatzes
17Ø Eingabe des I.Datensatzes A$(I)
18Ø Ende der Eingabeschleife
19Ø Eingabe der Länge L des Datensatzes
2ØØ Öffnen des Kommandokanals 15 zum Laufwerk
21Ø Löschen der Datei F$ über den Kommandokanal 15
22Ø Öffnen der R-Datei F$ mit der Datensatzlänge L+1
23Ø Eröffnen der Schreibschleife für die Datensätze
24Ø Senden der Datensatznr. I+1 über Kanal 15
25Ø Schreiben des Datensatzes A$(I)
26Ø Ende der Schreibschleife
27Ø Datensatznummer 1 über Kanal 15 senden
28Ø Anzahl n der Datensätze als 1.Datensatz schreiben
29Ø Schließen der Datei F$ und des Kommandokanals 15
3ØØ Ende
```


Verlauf LR/BASIC2:   Lesen Random-Access Datei

```
1ØØ Löschen des Bildschirms
11Ø Ausgabe der Überschrift
12Ø Eingabe des Datei-Namens F$
13Ø Eingabe der Datensatzlänge L
14Ø Öffnen der R-Datei F$ mit der Datensatzlänge L+1
15Ø Öffnen des Kommandokanals 15 zum Laufwerk
16Ø Senden der Datensatznummer 1 über Kanal 15
17Ø Lesen der Anzahl N der Datensätze als 1.Datensatz
18Ø Ausgabe der Anzahl N der Datensätze
19Ø Abfrage der Nummer R des Datensatzes
2ØØ Aussprung, falls Endezeichen R=Ø vorliegt
21Ø Datensatznummer R+1 über Kanal 15 senden
22Ø Lesen des Datensatzes A$
23Ø Ausgabe des Datensatzes auf dem Bildschirm
24Ø Rücksprung zur Abfrage der Datensatznummer
25Ø Schließen der Datei F$ und des Kommandokanlas 15
26Ø Ende
```

Hinweis. Es können maximal 255 Datensätze mit maximal
        78 Zeichen je Datensatz geschrieben werden.

Programm SR/BASIC 2:   Schreiben Random-Access Datei

```
100 PRINT CHR$(147)
110 PRINT "SCHREIB R-DATEI"
120 PRINT: INPUT "NAME DER DATEI:";F$
130 PRINT: INPUT "ANZAHL DATENSAETZE:";N
140 DIM A$(N)
150 FOR I=1 TO N
160 PRINT I".DATENSATZ:"
170 INPUT A$(I)
180 NEXT I
190 PRINT: INPUT "LAENGE DATENSATZ:";L
200 OPEN2,8,15
210 PRINT#2,"S:"F$
220 OPEN1,8,2,F$+",L,"+CHR$(L+1)
230 FOR I=1 TO N
240 PRINT#2,"P"+CHR$(2)+CHR$(I+1)+CHR$(0)+CHR$(1)
250 PRINT#1, A$(I)
260 NEXT I
270 PRINT#2,"P"+CHR$(2)+CHR$(1)+CHR$(0)+CHR$(1)
280 PRINT#1,N
290 CLOSE1: CLOSE2
300 END
```

Programm LR/BASIC 2:   Lesen Random-Access Datei

```
100 PRINT CHR$(147)
110 PRINT "LIES R-DATEI"
120 PRINT: INPUT "NAME DER DATEI:";F$
130 PRINT: INPUT "LAENGE DATENSATZ:";L
140 OPEN1,8,2,F$+",L,"+CHR$(L+1)
150 OPEN 2,8,15
160 PRINT#2,"P"+CHR$(2)+CHR$(1)+CHR$(0)+CHR$(1)
170 INPUT#1,N
180 PRINT: PRINT "ANZAHL DER DATENSETZE="N
190 PRINT: INPUT "WELCHER DATENSATZ(ENDE=0):";R
200 IF R=0 THEN 250
210 PRINT#2,"P"+CHR$(2)+CHR$(R+1)+CHR$(0)+CHR$(1)
220 INPUT#1,A$
230 PRINT: PRINT A$
240 GOTO 180
250 CLOSE1: CLOSE2
260 END
```

7.5 COMMODORE BASIC 4

<u>Befehle S-Datei/BASIC 4</u>:   Sequentielle Datei

Löschen und Öffnen einer S-Datei zum Schreiben:

```
      SCRATCH (F$), DO                DOPEN#1,(F$), DO, W
```

Der notwendige Lösch-Befehl vor dem Öffnen der S-Datei enthält den Dateinamen(hier F$) und die Laufwerksangabe(hier DØ).
<u>Variable</u> Angaben müssen stets in Klammer gesetzt werden!
Der OPEN-Befehl (D steht für DISK) enthält zusätzlich noch den
<u>Modus</u> W für Schreiben(<u>W</u>rite). Falls der Lösch-Befehl vor dem
Öffnen der S-Datei zum Schreiben nicht gegeben wird und eine
S-Datei gleichen Namens auf der Diskette bereits existiert,
erfolgt Abbruch mit der Fehlermeldung FILE EXISTS. Fehler-
meldungen können durch PRINT DS$ auf dem Bildschirm in BASIC 4
direkt gelesen werden. Anschließend CLOSE-Befehl geben!

Öffnen einer S-Datei zum Lesen:

```
              DOPEN#1,(F$), DO
```

Der OPEN-Befehl ist bis auf den <u>Wegfall des Modus</u> W völlig
identisch mit dem OPEN-Befehl zum Schreiben.

Schreiben/Lesen in bzw. aus der geöffneten S Datei:

```
      PRINT#1,A$(I)              INPUT#1,A$(I)

      PRINT#1,N                  INPUT#1,N
```

Die Schreib- und Lesebefehle sind identisch mit denen in
BASIC 2. Man hat also lediglich die <u>logische Dateinummer</u>
(hier #1) anzugeben, um die Zuordnung zum betr. OPEN- und
später zum CLOSE-Befehl herzustellen. Es können wieder sowohl numerische Werte, wie auch Zeichenketten direkt auf die
Diskette geschrieben bzw. von dort gelesen werden.
Beachten Sie, daß eine Zeichenkette maximal 255 Zeichen haben
darf. Unangenehmer ist jedoch, daß mit einem INPUT-Befehl nur
80 Zeichen gelesen werden können. Da bei einer S-Datei keine
feste Satzlänge vorliegt, können Sie längere Zeichenketten
(bis 255 Zeichen) zwar schreiben, aber nur mit GET zeichenweise sehr langsam oder mit einer Maschinencode-Routine von
der Diskette lesen.

Schließen einer S-Datei:

```
      DCLOSE#1                (nur logische Dateinummer angeben)
```

<u>Befehle R-Datei/BASIC 4</u>:   Random-Access Datei

Öffnen einer R-Datei zum Schreiben <u>oder</u> Lesen:
                DOPEN#1, (F$), L(L+1), D0

Der OPEN-Befehl (D steht für DISK) enthält als erste Infor-
mation die <u>logische Dateinummer</u>(hier #1), um die Schreib- bzw.
Lesebefehle dem OPEN- und später dem CLOSE-Befehl zuordnen zu
können. Der variable Datei-Name(Hier F$) muß in Klammern ge-
setzt sein. Schließlich wird die <u>Länge</u> des Datensatzes nach
dem <u>Symbol</u> L (hier L+1) angegeben. Zuletzt ist die Nummer des
Laufwerkes(hier Ø) nach dem <u>Symbol</u> D notwendig.
Sie können mit dem gleichen OPEN-Befehl sowohl Schreib- wie
Lesebefehle einleiten.

Angabe der Datensatznummer zum Schreiben <u>oder</u> Lesen:
                RECORD#1, (I+1)

Der RECORD-Befehl enthält die <u>logische Dateinummer</u>(hier #1)
und die Nummer des gewünschten Datensatzes. Wie stets bei
BASIC 4 muß eine Variable hier in Klammern gesetzt werden.
Vor jedem Schreib- oder Lesebefehl muß die Nummer des betr.
Datensatzes mitgeteilt werden. Wird beim Lesen ein nicht
vorhandener Datensatz angesprochen, so erfolgt die Meldung
RECORD NOT PRESENT, die R-Datei bleibt aber geöffnet.

Schreiben/Lesen in bzw. aus einer geöffneten R-Datei:
        PRINT#1, A$(I)   INPUT#1,A$
        PRINT#1,N   INPUT#1,N

Die Schreib- und Lesebefehle sind denen völlig gleich, die
bei einer S-Datei verwendet werden(s. links). Die logische
Dateinummer(hier#1) ordnet den betr. Befehl dem OPEN-Befehl
und damit dem Datei-Namen zu.

Schließen einer R-Datei:
        DCLOSE#1   (nur logische Dateinummer angeben)

Beachten Sie immer, daß alle Daten verlorengehen können,
wenn eine Datei nicht ordnungsgemäß geschlossen wird. Nach
einer Fehlermeldung in BASIC 4 sollte zunächst die Meldung
mit PRINT DS$ gelesen werden und danach ein direkter CLOSE-
Befehl für alle offenen Dateien eingegeben werden.

COMMODORE BASIC 4 ist eine gegenüber COMMODORE BASIC 2 verbesserte Version. Die angebenen Programme sind lauffähig auf CBM 4016/4032 und CBM 8032/8096. Sie können auch auf dem C 64 eingesetzt werden, falls ein IEC-Bus vorhanden ist.

Verlauf SS/BASIC 4:   Schreiben Sequentielle Datei

```
100 Löschen des Bildschirms
110 Ausgabe der Überschrift
120 Eingabe des Datei-Namens F$
130 Eingabe der Anzahl N der Datensätze
140 Dimensionierung des Eingabefeldes A$( )
150 Eröffnen der Eingabeschleife für N Datensätze
160 Abfrage des I.Datensatzes auf dem Bildschirm
170 Eingabe des I.Datensatzes A$(I)
180 Ende der Eingabeschleife
190 Löschen der Datei F$ auf Laufwerk D0
200 Öffnen der S-Datei F$ auf D0 zum Schreiben(Write)
210 Schreiben der Anzahl N als 1.Information
220 Eröffnen der Schreibschleife für N Datensätze
230 Datensatz A$(I) auf die Diskette schreiben
240 Ende der Schreibschleife
250 Schließen der Datei F$
260 Ende
```

Verlauf LS/BASIC 4:   Lesen Sequentielle Datei

```
100 Löschen des Bildschirms
110 Ausgabe der Überschrift
120 Eingabe des Datei-Namens F$
130 Öffnen der S-Datei F$ auf D0 zum Lesen
140 Lesen der Anzahl N als 1.Information
150 Ausgabe der Anzahl N der Datensätze auf dem Bildschirm
160 Dimensionierung des Datenfeldes A$( )
170 Eröffnen der Leseschleife für N Datensätze
180 Lesen des I.Datensatzes A$(I) aus der Datei F$
190 Ende der Leseschleife
200 Schließen der Datei F$
210 Eröffnen der Ausgabeschleife für N Datensätze
220 Ausgabe des I.Datensatzes A$(I) auf dem Bildschirm
230 Ende der Ausgabeschleife
240 Ende
```

Programm SS/BASIC 4:   Schreiben Sequentielle Datei

```
100 PRINT CHR$(147)
110 PRINT "SCHREIB S-DATEI"
120 PRINT: INPUT "NAME DER DATEI:";F$
130 PRINT: INPUT "ANZAHL DATENSAETZE:";N
140 DIM A$(N)
150 FOR I=1 TO N
160 PRINT I".DATENSATZ:"
170 INPUT A$(I)
180 NEXT I
190 SCRATCH (F$), DO
200 DOPEN#1,(F$), DO, W
210 PRINT#1,N
220 FOR I=1 TO N
230 PRINT#1,A$(I)
240 NEXT I
250 DCLOSE#1
260 END
```

Programm LS/BASIC 4:   Lesen Sequentielle Datei

```
100 PRINT CHR$(147)
110 PRINT "LIES S-DATEI"
120 PRINT: INPUT "NAME DER DATEI:";F$
130 DOPEN#1,(F$), DO
140 INPUT#1,N
150 PRINT: PRINT "ANZAHL DATENSAETZE="N
160 DIM A$(N)
170 FOR I=1 TO N
180 INPUT#1,A$(I)
190 NEXT I
200 DCLOSE#1
210 PRINT: FOR I=1 TO N
220 PRINT A$(I)
230 NEXT I
240 END
```

<u>Verlauf SR/BASIC 4</u>:   Schreiben Random-Access Datei

```
1ØØ Löschen des Bildschirms
11Ø Ausgabe der Überschrift
12Ø Eingabe des Datei-Namens F$
13Ø Eingabe der Anzahl N der Datensätze
14Ø Dimensionierung des Eingabefeldes A$( )
15Ø Eröffnen der Eingabeschleife für N Datensätze
16Ø Abfrage des I.Datensatzes auf dem Bildschirm
17Ø Eingabe des I.Datensatzes A$(I)
18Ø Ende der Eingabeschleife
19Ø Eingabe der Länge L des Datensatzes
21Ø Löschen der Datei F$ auf Laufwerk DØ
22Ø Öffnen der R-Datei F$ mit der Datensatzlänge L+1
23Ø Eröffnen der Schreibschleife für N Datensätze
24Ø Angabe der Datensatznummer I+1
25Ø Schreiben des I.Datensatzes A$(I)
26Ø Ende der Schreibschleife
27Ø Angabe der Datensatznummer 1
28Ø Schreiben der Anzahl N der Datensätze
29Ø Schließen der Datei F$
3ØØ Ende
```

<u>Verlauf LR/BASIC 4</u>:   Lesen Random-Access Datei

```
1ØØ Löschen des Bildschirms
11Ø Ausgabe der Überschrift
12Ø Eingabe des Datei-Namens F$
13Ø Eingabe der Länge L des Datensatzes
14Ø Öffnen der R-Datei F$ mit der Datensatzlänge L+1
16Ø Angabe der Datensatznummer 1
17Ø Lesen der Anzahl N der Datensätze als 1.Datensatz
18Ø Ausgabe der Anzahl N der Datensätze
19Ø Abfrage der Nummer R des gewünschten Datensatzes
2ØØ Aussprung zum Ende, falls Endezeichen Ø vorliegt
21Ø Angabe der Datensatznummer R+1
22Ø Lesen des Datensatzes A$
23Ø Ausgabe des Datensatzes auf dem Bildschirm
24Ø Rücksprung zur Abfrage des gewünschten Datensatzes
25Ø Ende
```

<u>Programm SR/BASIC 4</u>:   Schreiben <u>R</u>andom-Access Datei

```
100 PRINT CHR$(147)
110 PRINT "SCHREIB R-DATEI"
120 PRINT: INPUT "NAME DER DATEI:";F$
130 PRINT: INPUT "ANZAHL DATENSAETZE:";N
140 DIM A$(N)
150 FOR I=1 TO N
160 PRINT I".DATENSATZ:"
170 INPUT A$(I)
180 NEXT I
190 PRINT: INPUT "LAENGE DATENSATZ:";L
210 SCRATCH (F$), DO
220 DOPEN#1,(F$), L(L+1), DO
230 FOR I=1 TO N
240 RECORD#1, (I+1)
250 PRINT#1, A$(I)
260 NEXT I
270 RECORD#1,1
280 PRINT#1,N
290 DCLOSE#1
300 END
```

<u>Programm LR/BASIC 4</u>:   <u>L</u>esen <u>R</u>andom-Access Datei

```
100 PRINT CHR$(147)
110 PRINT "LIES R-DATEI"
120 PRINT: INPUT "NAME DER DATEI:";F$
130 PRINT: INPUT "LAENGE DATENSATZ:";L
140 DOPEN#1,(F$), L(L+1), DO
160 RECORD#1,1
170 INPUT#1,N
180 PRINT: PRINT "ANZAHL DER DATENSETZE="N
190 PRINT: INPUT "WELCHER DATENSATZ(ENDE=0):";R
200 IF R=0 THEN 250
210 RECORD#1,(R+1)
220 INPUT#1,A$
230 PRINT: PRINT A$
240 GOTO 180
250 END
```

7.6 APPLE CP/M-MBASIC

<u>Befehle S-Datei/CPM-MBASIC</u>:   Sequentielle Datei

Öffnen einer S-Datei zum Schreiben:
```
OPEN "O", #1, "A:"+F$
```
Das Symbol "O" steht für <u>O</u>utput(=Schreiben). Dann folgt die
logische Dateinummer(hier #1). Die letzte Angabe(Zeichenkette)
enthält zunächst die Laufwerksangabe(hier A:) und dann den
Dateinamen(hier F$). Die Datei wird bereits mit dem OPEN-Be-
fehl gelöscht. Es ist deshalb notwendig, immer alle Datensätze
einer S-Datei komplett in die geöffnete Datei zu schreiben.
Will man eine S-Datei erweitern, so muß man zunächst alle
Datensätze lesen und mit den neuen Datensätzen erneut auf die
Diskette schreiben.

Öffnen einer S-Datei zum Lesen:
```
OPEN "I", #1, "A:"+F$
```
Der OPEN-Befehl zum Lesen aus einer S-Datei stimmt mit dem
OPEN-Befehl zum Schreiben bis auf den Ersatz des Symbols "O"
durch das Symbol "I" (<u>I</u>nput) vollständig überein.

Schreiben/Lesen in bzw. aus einer S-Datei:
```
PRINT#1,A$(I)                  INPUT#1,A$(I)
PRINT#1,N                      INPUT#1,N
```
Man kann also sowohl numerische Werte wie Zeichenketten in
eine S-Datei schreiben und wieder lesen. Man muß im PRINT-
bzw. INPUT-Befehl dabei die <u>logische Dateinummer</u>(hier #1) angeben, um die Daten dem betr. OPEN-Befehl und damit dem Datei-
namen zuzuordnen.

Schließen einer S-Datei:
```
CLOSE#1
```
Der CLOSE-Befehl schließt über die logische Dateinummer(hier #1)
die Datei.
Hinweis. In MBASIC kann die Anzahl der gleichzeitig geöffneten
Dateien frei gewählt werden. Dies erfolgt beim Laden aus dem
CP/M-System. Ebenso kann die maximale Datensatzlänge dabei
festgelegt werden. Wird beim MBASIC-Laden keine Angabe dazu
gemacht, so beträgt die zulässige Datensatzlänge 128 und die
Anzahl offener Dateien 3.

Befehle R-Datei/CPM-MBASIC: Random-Access Datei

Öffnen einer R Datei zum Schreiben oder Lesen:

                OPEN "R",#1,"A:"+F$

Das Symbol "R" steht für Random-Access Datei. Es folgt die
logische Dateinummer(hier #1). Dann folgt als Zeichenkette die
Laufwerksangabe(hier A:) und der Datei-Name(hier F$). Zuletzt
wird die Länge des Datenstzes(hier L+1) angegeben.

Schreiben in eine R-Datei:	Lesen aus einer R-Datei:
FIELD#1, L AS P$	FIELD#1, L AS P$

LSET P$=A$(I)	LSET P$=MKI$(N)	GET#1, R+1	GET#1,1
PUT#1, I+1	PUT#1,1	A$=P$	N=CVI(P$)

In beiden Fällen muß vorher eine Puffervariable(hier P$) be-
stimmt werden. In der FIELD-Anweisung wird zugleich der Anteil der oder mehrerer Variabler bestimmt. Damit läßt sich der
Puffer direkt strukturieren. Die FIELD-Anweisung muß nur einmal nach dem Öffnen durchlaufen werden. Die Puffervariable
darf im sonstigen Programm nicht belegt werden.
Bevor in die Datei geschrieben werden kann, muß der Puffer
mit dem LSET-Befehl gefüllt werden. Numerische Variable muß
man vorher mit MKI( ) bei Integer bzw. mit MKS( ) im Falle
von Gleitkomma umgewandelt werden. Der Puffer wird dann mit
dem PUT-Befehl auf die Diskette geschrieben. Die Zuordnung
zum Datei-Namen erfolgt wieder mit der logischen Dateinummer.
Beim Lesen aus der R-Datei wird zunächst mit dem GET-Befehl
der Puffer geladen. Jetzt kann man den Puffer lesen. Dabei
müssen numerische Variable mit CVI( ) bei Integer oder CVS( )
bei Gleitkomma wieder in ihre ursprüngliche Form umgewandelt
werden. Der PUT- bzw. GET-Befehl muß außerdem die gewünschte
Datensatznummer(hier I+1 bzw. R+1) angeben.

Schließen einer R-Datei:

                CLOSE#1

Die Datei wird wie auch die S-Datei durch die bloße Angabe
der logischen Dateinummer im CLOSE-Befehl geschlossen.

Die angegebenen Programme sind auf allen APPLE-System mit
einem Z 80-Prozessor und der CP/M-Software lauffähig. Sie
können in dieser Form auch auf allen anderen CP/M-fähigen
Systemen verwendet werden.

Verlauf SS/CPM-MBASIC: Schreiben Sequentielle Datei

```
100 Löschen des Bildschirms
110 Ausgabe der Überschrift
120 Eingabe des Datei-Namens F$
130 Eingabe der Anzahl N der Datensätze
140 Dimensionierung des Eingabefeldes A$( )
150 Eröffnen der Eingabeschleife für N Datensätze
160 Abfrage des I.Datensatzes auf dem Bildschirm
170 Eingabe des I.Datensatzes A$(I)
180 Ende der Eingabeschleife
200 Öffnen der S-Datei F$ zum Schreiben(Output)
210 Schreiben der Anzahl N als 1.Informatio
220 Eröffnen der Schreibschleife für N Datensätze
230 Datensatz A$(I) auf Diskette schreiben
240 Ende der Schreibschleife
250 Schließen der Datei F$
260 Ende
```

Verlauf LS/CPM-MBASIC: Lesen Sequentielle Datei

```
100 Löschen des Bildschirms
110 Ausgabe der Überschrift
120 Eingabe des Datei-Namens F$
130 Öffnen der S-Datei F$ zum Lesen(Input)
140 Lesen der Anzahl N als 1.Information
150 Ausgabe der Anzahl N der Datensätze auf dem Bildschirm
160 Dimensionierung des Datenfeldes A$( )
170 Eröffnen der Leseschleife für N Datensätze
180 Lesen des I.Datensatzes A$(I) von der Diskette
190 Ende der Leseschleife
200 Schließen der Datei F$
210 Eröffnen der Ausgabeschleife für N Datensätze
220 Ausgabe des I.Datensatzes auf dem Bildschirm
230 Ende der Ausgabeschleife
240 Ende
```

Programm SS/CPM-MBASIC: Schreiben Sequentielle Datei

```
100 HOME
110 PRINT "SCHREIB S-DATEI"
120 PRINT: INPUT "NAME DER DATEI:";F$
130 PRINT: INPUT "ANZAHL DATENSAETZE:";N
140 DIM A$(N)
150 FOR I=1 TO N
160 PRINT I".DATENSATZ:"
170 INPUT A$(I)
180 NEXT I
200 OPEN "O", #1,"A:"+F$
210 PRINT#1,N
220 FOR I=1 TO N
230 PRINT#1,A$(I)
240 NEXT I
250 CLOSE#1
260 END
```

Programm LS/CPM-MBASIC: Lesen Sequentielle Datei

```
100 HOME
110 PRINT "LIES S-DATEI"
120 PRINT: INPUT "NAME DER DATEI:";F$
130 OPEN "I",#1,"A:"+F$
140 INPUT#1,N
150 PRINT: PRINT "ANZAHL DATENSAETZE="N
160 DIM A$(N)
170 FOR I=1 TO N
180 INPUT#1,A$(I)
190 NEXT I
200 CLOSE#1
210 PRINT: FOR I=1 TO N
220 PRINT A$(I)
230 NEXT I
240 END
```

Verlauf SR/CPM-MBASIC: Schreiben Random-Access Datei

```
1ØØ Löschen des Bildschirms
11Ø Ausgabe der Überschrift
12Ø Eingabe des Datei-Namens F$
13Ø Eingabe der Anzahl N der Datensätze
14Ø Dimensionierung des Eingabefeldes A$( )
15Ø Eröffnen der Eingabeschleife für N Datensätze
16Ø Abfrage des I.Datensatzes auf dem Bildschirm
17Ø Eingabe des I.Datensatzes A$(I)
18Ø Ende der Eingabeschleife
19Ø Eingabe der Länge L des Datensatzes
21Ø Öffnen der R-Datei F$ auf Laufwerk A:
22Ø Setzen des Puffers P$ mit der Länge L
23Ø Eröffnen der Schreibschleife für N Datensätze
24Ø Puffer P$ mit I.Datensatz A$(I) belegen
25Ø Puffer mit Datensatznummer I+1 auf Diskette schreiben
26Ø Ende der Schreibschleife
27Ø Puffer P$ mit Integer N als Zeichenfolge(2 Byte) setzen
28Ø Puffer mit Datensatznummer 1 auf Diskette schreiben
29Ø Datei F$ schließen
3ØØ Ende
```

Verlauf LR/CPM-MBASIC: Lesen Random-Access Datei

```
1ØØ Löschen des Bildschirms
11Ø Ausgabe der Überschrift
12Ø Eingabe des Datei-Namens F$
13Ø Eingabe der Länge L des Datensatzes
14Ø Öffnen der R-Datei F$ auf Laufwerk A:
15Ø Puffer P$ mit der Länge L vereinbaren
16Ø Datensatz mit Nummer 1 in Puffer P$ lesen
17Ø Puffer in Integer umwandeln und auf N übertragen
18Ø Ausgabe der Anzahl N der Datensätze
19Ø Abfrage des gewünschten Datensatzes
2ØØ Sprung zum Ende, falls Endezeichen R=Ø vorliegt
21Ø Datensatz mit Nummer R+1 in den Puffer lesen
22Ø Puffer P$ auf Variable A$ übertragen
23Ø Ausgabe des Datensatzes
24Ø Rücksprung zur Abfrage des gewünschten Datensatzes
25Ø Schließen der Datei F$
26Ø Ende
```

Programm SR/CPM-MBASIC: Schreiben Random-Access Datei

```
100 HOME
110 PRINT "SCHREIB R-DATEI"
120 PRINT: INPUT "NAME DER DATEI:";F$
130 PRINT: INPUT "ANZAHL DATENSAETZE:";N
140 DIM A$(N)
150 FOR I=1 TO N
160 PRINT I".DATENSATZ:"
170 INPUT A$(I)
180 NEXT I
190 PRINT: INPUT "LAENGE DATENSATZ:";L
210 OPEN "R",#1,"A:"+F$
220 FIELD#1, L AS P$
230 FOR I=1 TO N
240 LSET P$=A$(I)
250 PUT#1, I+1
260 NEXT I
270 LSET P$=MKI$(N)
280 PUT#1,1
290 CLOSE#1
300 END
```

Programm LR/CPM-MBASIC: Lesen Random-Access Datei

```
100 HOME
110 PRINT "LIES R-DATEI"
120 PRINT: INPUT "NAME DER DATEI:";F$
130 PRINT: INPUT "LAENGE DATENSATZ:";L
140 OPEN "R",#1,"A:"+F$
150 FIELD#1, L AS P$
160 GET#1,1
170 N=CVI(P$)
180 PRINT: PRINT "ANZAHL DER DATENSETZE="N
190 PRINT: INPUT "WELCHER DATENSATZ(ENDE=0):";R
200 IF R=0 THEN 250
210 GET#1, R+1
220 A$=P$
230 PRINT: PRINT A$
240 GOTO 180
250 CLOSE#1
260 END
```

7.7 APPLE DOS 3.3

<u>Befehle S-Datei/APPLE DOS</u>:   Sequentielle Datei

Alle DATEI-Befehle müssen im APPLE DOS durch das Steuerzeichen
CTRL-D eingeleitet werden. Das geschieht durch je ein
        PRINT D$;"   "   ,nachdem D$=CHR$(4) (=CTRL-D)
gesetzt wurde. Innerhalb von "   " steht der betr. DATEI-Befehl.
APPLE DOS kennt <u>keine</u> logische Dateinummer. Die Verbindung
zum Datei-Namen wird über die Datei-Befehle WRITE/READ erzeugt.

Öffnen und Löschen einer S-Datei:
        PRINT D$;"OPEN"F$",D1": PRINT D$;"DELETE"F$
Der OPEN-Befehl allein öffnet die Datei F$ zum <u>Lesen</u>.
Will man dagegen eine S-Datei zum <u>Schreiben</u> anlegen, so
muß dem OPEN-Befehl ein DELETE-Befehl folgen. Anschließend
muß die S-Datei erneut mit einem OPEN-Befehl geöffnet werden.

Schreiben/Lesen in bzw. aus einer S-Datei:
        PRINT D$;"WRITE"F$ PRINT D$;"READ"F$
        PRINT A$(I)   INPUT A$(I)

Vor einem PRINT-Befehl muß zur Zuordnung zum Datei-Namen <u>ein</u>
WRITE-Befehl ausgeführt werden. Entsprechend muß beim Lesen
mit INPUT einmal ein READ-Befehl ausgeführt werden. Alle
PRINT- bzw. INPUT-Befehle wirken nach einem WRITE- bzw. READ-
Befehl <u>immer</u> auf die betr. Datei und nicht mehr auf Bildschirm
oder Tastatur. Will man in verschiedene Dateien schreiben bzw.
aus ihnen lesen, muß vorher immer ein neuer WRITE- bzw. READ-
Befehl ausgeführt werden.
Will man dagegen auf dem Bildschirm ausgeben oder von der
Tastatur eingeben, so müssen zunächst alle Dateien wieder ge-
schlossen werden. Danach ist die übliche Wirkung der PRINT-
bzw. INPUT-Befehle wieder hergestellt.
Um an eine S-Datei weitere Datensätze anzufügen, muß man den
APPEND-Befehl verwenden.

Schließen einer S-Datei:
        PRINT D$;"CLOSE"F$
Der CLOSE-Befehl schließt die angegebene Datei(hier F$).
Wird kein Datei-Name angegeben, so werden alle offenen Dateien
mit dem CLOSE-Befehl geschlossen.

<u>Befehle R-Datei/APPLE DOS</u>: Random-Access Datei

Beachten Sie die Vorbemerkungen zu den Befehlen der S-Dateien.
Öffnen einer R-Datei zum Schreiben <u>oder</u> Lesen:
```
PRINT D$;"OPEN"F$",L"L + 1",D1"
```
Der OPEN-Befehl enthält also neben dem Datei-Namen(hier F$)
vor der Angabe des Laufwerks(hier D1) noch die Datensatzlänge nach dem Symbol L (hier L+1). Variable Angaben (hier
F$ und L+1 stehen außerhalb der Anführungszeichen, feste An-
gaben (hier 1 bei D) stehen innerhalb der Anführungszeichen.

Schreiben/Lesen in bzw. aus einer R-Datei:
```
PRINT D$;"WRITE"F$",R"I          PRINT D$;"READ"F$",R"R
PRINT A$(I)                      INPUT A$
```
Vor jedem PRINT- bzw. INPUT-Befehl muß also stets ein WRITE-
bzw. READ-Befehl ausgeführt werden, der neben dem Datei-Namen
die gewünschte Datensatznummer angibt(hier I bzw. R).
Beachten Sie auch hier, daß alle PRINT- bzw. INPUT-Befehle
bei einer geöffneten Datei nicht mehr auf dem Bildschirm bzw.
Tastatur, sondern auf die geöffnete Datei wirken. Falls Sie
die normale Wirkung der PRINT-Befehle zur Bildschirmausgabe
oder der INPUT-Befehle zur Eingabe von der Tastatur benötigen,
so müssen Sie alle geöffneten Dateien vorher wieder schließen.
In den angegebenen Programmen wird die Tatsache ausgenutzt,
daß sich in APPLE DOS ein Datensatz mit der Datensatznummer Ø
schreiben bzw. lesen läßt. Damit vermeiden wir, daß die Datensätze -wie bei den anderen Datei-Systemen- jeweils um einen
Platz 'nach hinten' geschoben werden müssen.

Schließen einer R-Datei:
```
PRINT D$;"CLOSE"F$
```
Der CLOSE-Befehl schließt die Datei mit dem angegebenen Datei-
Namen. Wird im CLOSE-Befehl dagegen kein Datei-Name angegeben,
so werden alle geöffneten Dateien geschlossen.

Die angegebenen Programme sind auf allen APPLE-Sytemen mit
dem <u>D</u>isk <u>O</u>perating <u>S</u>ystem DOS 3.3 (APPLE II, APPLE II Plus,
APPLE II e, APPLE III) lauffähig.

<u>Verlauf SS/APPLE DOS</u>:   <u>S</u>chreiben <u>S</u>equentielle Datei

```
     100 Löschen des Bildschirms
     110 Ausgabe der Überschrift
     120 Eingabe des Datei-Namens F$
     130 Eingabe der Anzahl N der Datensätze
     140 Dimensionierung des Eingabefeldes A$( )
     150 Eröffnen der Eingabeschleife für N Datensätze
     160 Abfrage des I.Datenstzes auf dem Bildschirm
     170 Eingabe des I.Datensatzes A$(I)
     180 Ende der Eingabeschleife
     190 Steuerzeichen CTRL-D auf D$ setzen
     200 Öffnen und Löschen einer S-Datei F$ in Laufwerk D1
     205 Öffnen der S-Datei F$ : Datei F$ auf Schreiben setzen
     210 Schreiben der Anzahl N der Datensätze als 1.Information
     220 Eröffnen einer Schreibschleife für N Datensätze
     230 Datensatz A$(I) in Datei F$ schreiben
     240 Ende der Schreibschleife
     250 Datei F$ schließen
     260 Ende
```

<u>Verlauf LS/APPLE DOS</u>:   <u>L</u>esen <u>S</u>equentielle Datei

```
     100 Löschen des Bildschirms
     110 Ausgabe der Überschrift
     120 Eingabe des Datei-Namens F$
     130 CTRL-D auf D$ setzen : Öffnen Datei F$ in Laufwerk D1
     135 Datei F$ auf Lesen(Read) setzen
     140 Lesen der Anzahl N der Datensätze als 1.Information
     150 Ausgabe der Anzahl N der Datensätze auf dem Bildschirm
     160 Dimensionierung des Datenfeldes A$( )
     170 Eröffnen einer Leseschleife für N Datensätze
     180 Lesen des Datensatzes A$(I) aus der Datei F$
     190 Ende der Leseschleife
     200 Schließen der Datei F$
     210 Eröffnen einer Ausgabeschleife für N Datensätze
     220 Datensatz A$(I) auf dem Bildschirm ausgeben
     230 Ende der Ausgabeschleife
     240 Ende
```

Hinweis. Da mit einem PRINT-Befehl höchstens 240 Zeichen

einschließlich des notwendigen RETURN möglich sind,

ist die Datensatzlänge auf 239 echte Zeichen begrenzt.

<u>Programm SS/APPLE DOS</u>: Schreiben Sequentielle Datei

```
100   HOME
110   PRINT "SCHREIB S-DATEI"
120   PRINT : INPUT "NAME DER DATEI:";F$
130   PRINT : INPUT "ANZAHL DATENSAETZE:";N
140   DIM A$(N)
150   FOR I = 1 TO N
160   PRINT I".DATENSATZ:"
170   INPUT A$(I)
180   NEXT I
190 D$ =  CHR$ (4)
200   PRINT D$;"OPEN"F$",D1": PRINT D$;"DELETE"F$
205   PRINT D$;"OPEN"F$: PRINT D$;"WRITE"F$
210   PRINT N
220   FOR I = 1 TO N
230   PRINT A$(I)
240   NEXT I
250   PRINT D$;"CLOSE"F$
260   END
```

<u>Programm LS/APPLE DOS</u>: <u>L</u>esen <u>S</u>equentielle Datei

```
100   HOME
110   PRINT "LIES S-DATEI"
120   PRINT : INPUT "NAME DER DATEI:";F$
130 D$ =  CHR$ (4): PRINT D$;"OPEN"F$",D1"
135   PRINT D$;"READ"F$
140   INPUT N
150   PRINT : PRINT "ANZAHL DATENSAETZE="N
160   DIM A$(N)
170   FOR I = 1 TO N
180   INPUT A$(I)
190   NEXT I
200   PRINT D$;"CLOSE"F$
210   PRINT : FOR I = 1 TO N
220   PRINT A$(I)
230   NEXT I
240   END
```

Verlauf SR/APPLE DOS: Schreiben Random-Access Datei

```
1ØØ Löschen des Bildschirms
11Ø Ausgabe der Überschrift
12Ø Eingabe des Datei-Namens F$
13Ø Eingabe der Anzahl N der Datensätze
14Ø Dimensionierung des Eingabefeldes A$( )
15Ø Eröffnen der Eingabeschleife für N Datensätze
16Ø Abfrage des I.Datensatzes auf dem Bildschirm
17Ø Eingabe des I.Datensatzes A$(I)
18Ø Ende der Eingabeschleife
19Ø Eingabe der Länge L des Datensatzes
2ØØ Steuerzeichen CTRL-D auf D$ setzen
21Ø Öffnen der R-Datei F$ mit Datensatzlänge L auf D1
22Ø Eröffnen der Schreibschleife für N Datensätze
23Ø Datensatznummer I zum Schreiben(Write) setzen
25Ø Datensatz A$(I) in Datei F$ schreiben
26Ø Ende der Schreibschleife
27Ø Datensatznummer Ø zum Schreiben(Write) setzen
28Ø Anzahl N der Datensätze als Datensatz Ø schreiben
29Ø Schließen der Datei F$
3ØØ Ende
```

Verlauf LR/APPLE DOS: Lesen Random-Access Datei

```
1ØØ Löschen des Bildschirms
11Ø Ausgabe der Überschrift
12Ø Eingabe des Datei-Namens F$
13Ø Eingabe der Länge L des Datensatzes
14Ø CTRL-D auf D$ setzen : Öffnen der R-Datei F$
15Ø Datensatznummer Ø zum Lesen(Read) setzen
16Ø Lesen der Anzahl N der Datensätze als Datensatz Ø
18Ø Ausgabe der Anzahl N der Datensätze auf Bildschirm
185 Schließen der Datei F$
19Ø Eingabe der gewünschten Datensatznummer R
2ØØ Aussprung, falls Endezeichen R=Ø vorliegt
2Ø5 Öffnen der R-Datei F$ mit Datensatzlänge L+1 auf D1
21Ø Datensatznummer R zum Lesen(Read) setzen
22Ø Lesen des R.Datensatzes nach A$
23Ø Ausgabe der Variablen A$ auf dem Bildschirm
24Ø Rücksprung zur Abfrage des gewünschten Datensatzes
25Ø Ende
```

Programm SR/APPLE DOS: Schreiben Random-Access Datei

```
100   HOME
110   PRINT "SCHREIB R-DATEI"
120   PRINT : INPUT "NAME DER DATEI:";F$
130   PRINT : INPUT "ANZAHL DATENSAETZE:";N
140   DIM A$(N)
150   FOR I = 1 TO N
160   PRINT I".DATENSATZ:"
170   INPUT A$(I)
180   NEXT I
190   PRINT : INPUT "LAENGE DATENSATZ:";L
200 D$ =  CHR$ (4)
210   PRINT D$;"OPEN"F$",L"L + 1",D1"
220   FOR I = 1 TO N
230   PRINT D$;"WRITE"F$",R"I
250   PRINT A$(I)
260   NEXT I
270   PRINT D$;"WRITE"F$",R"0
280   PRINT N
290   PRINT D$;"CLOSE"F$
300   END
```

Programm LR/APPLE DOS: Lesen Random-Access Datei

```
100   HOME
110   PRINT "LIES R-DATEI"
120   PRINT : INPUT "NAME DER DATEI:";F$
130   PRINT : INPUT "LAENGE DATENSATZ:";L
140 D$ =  CHR$ (4): PRINT D$;"OPEN"F$",L"L + 1
150   PRINT D$;"READ"F$",R"0
160   INPUT N
180   PRINT : PRINT "ANZAHL DATENSAETZE="N
185   PRINT D$;"CLOSE"F$
190   PRINT : INPUT "WELCHER DATENSATZ:";R
200   IF R = 0 THEN 250
205   PRINT D$;"OPEN"F$",L"L + 1
210   PRINT D$;"READ"F$",R"R
220   INPUT A$
230   PRINT : PRINT A$
240   GOTO 180
250   END
```

7.8 Testbeispiel

Test Schreiben S-Datei

```
SCHREIB S-DATEI

NAME DER DATEI:TEST S

ANZAHL DATENSAETZE:10
 1.DATENSATZ:
?1234567890
 2.DATENSATZ:
?2345678901
 3.DATENSATZ:
?3456789012
 4.DATENSATZ:
?4567890123
 5.DATENSATZ:
?5678901234
 6.DATENSATZ:
?6789012345
 7.DATENSATZ:
?7890123456
 8.DATENSATZ:
?8901234567
 9.DATENSATZ:
?9012345678
 10.DATENSATZ:
?0123456789
```

Test Schreiben R-Datei

```
SCHREIB R-DATEI

NAME DER DATEI:TEST R

ANZAHL DATENSAETZE:10
 1.DATENSATZ:
?A
 2.DATENSATZ:
?AB
 3.DATENSATZ:
?ABC
 4.DATENSATZ:
?ABCD
 5.DATENSATZ:
?ABCDE
 6.DATENSATZ:
?ABCDEF
 7.DATENSATZ:
?ABCDEFG
 8.DATENSATZ:
?ABCDEFGH
 9.DATENSATZ:
?ABCDEFGHI
 10.DATENSATZ:
?ABCDEFGHIJ

LAENGE DATENSATZ:10
```

Test Lesen S-Datei

```
LIES S-DATEI

NAME DER DATEI:TEST S

ANZAHL DATENSAETZE=10

 1234567890
 2345678901
 3456789012
 4567890123
 5678901234
 6789012345
 7890123456
 8901234567
 9012345678
 0123456789
```

Test Lesen R-Datei

```
LIES R-DATEI

NAME DER DATEI:TEST R

LAENGE DATENSATZ:10

ANZAHL DATENSAETZE=10

WELCHER DATENSATZ:10

ABCDEFGHIJ

ANZAHL DATENSAETZE=10

WELCHER DATENSATZ:1

A

ANZAHL DATENSAETZE=10

WELCHER DATENSATZ:0
```

LITERATURHINWEISE

Quellen mit weiteren BASIC-Beispielen

AHL,D.(Hrsg.): BASIC Computer Spiele(1)
        Sybex Düsseldorf 1982

AHL,D.(Hrsg.): BASIC Computer Spiele(2)
        Sybex Düsseldorf 1982

BAUMANN,R.: BASIC Eine Einführung in das Programmieren
        Klett Stuttgart 1980

BRAUCH,W.: Programmieren mit BASIC, 2.Auflage
        Teubner Stuttgart 1982

ENGEL,A.: Elementarmathematik vom algorithmischen Standpunkt
        Klett Stuttgart 1977

GOTTFRIED,B.S.: Programmieren mit BASIC, 2.Nachdruck
        Mc Graw Hill Düsseldorf 1982

LÖTHE,H. und QUEHL,W.: Systematisches Arbeiten mit BASIC
        Teubner Stuttgart 1982

MENZEL,K.: Elemente der Informatik
        Teubner Stuttgart 1978

PEOPLES COMPUTER COMPANY: What To Do After Hit Return
        Nowels Publications Menlo Park 1975

POOLE,L. und BORCHERS,M.: 77 BASIC Programme
        Te-Wi München 1980

SCHWILL,W.-D.: und WEIBEZAHN,R.:
Einführung in die Programmiersprache BASIC, 3.Auflage
Vieweg Braunschweig/Wiesbaden 1982

Einführungen in die Informatik/Datenverarbeitung

BALZERT,H.: Informatik Band 1 mit Lösungsband
        Hueber-Holzmann München 1976

CLAUS,V.: Einführung in die Informatik
        Teubner Stuttgart 1975

DWORATSCHEK,S.: Grundlagen der Datenverarbeitung, 6.Auflage
        de Gruyter Berlin/New York 1977

FORSYTHE,A.I., KEENAN,T.A., ORGANICK,E.I. und STENBERG,W.:
Problemanalyse und Programmieren
Vieweg Braunschweig 1975

Forts. Einführungen in die Informatik/Datenverarbeitung

GRAF,K.-D.: Informatik
            Herder Freiburg 1981

HAASE,V., STUCKY,W. und WEGNER,L.: Datenverarbeitung heute
                            Teubner Stuttgart 1981

SINGER,F.: Programmieren in der Praxis, 4.Auflage
            Teubner Stuttgart 1980

WIRTH,N.: Systematisches Programmieren, 4.Auflage
            Teubner Stuttgart 1983

Wörterbücher Datenverarbeitung

FALKNER,R.: Mikrocomputer-Lexikon
            DeV München 1983

MÜLLER,P.: EDV Taschenlexikon, 8.Auflage
            Moderne Industrie Landsberg/Lech 1981

Der Leser sei außerdem auf die Teubner-Reihe
            MikroComputer-Praxis

hingewiesen, in der weitere Themen zum praktischen Einsatz von

Heim- und Personal-Computern behandelt werden.

SACHVERZEICHNIS

LISTE DER BASIC-BEISPIELE (fortlaufend)

LISTE DER BASIC-BEISPIELE (alphabetisch)

MikroComputer–Praxis

Die Teubner-Buchreihe für Ausbildung, Beruf, Freizeit und Hobby

Mittelbach: **Simulationen in BASIC**
  In Vorbereitung

Nievergelt/Ventura: **Die Gestaltung interaktiver Programme**
  124 Seiten. DM 23,80

  — mit Diskette: UCSD-Pascal-Programme für den Apple II Computer
  DM 59,80

Ottmann/Schrapp/Widmayer: **PASCAL in 100 Beispielen**
  258 Seiten. DM 24,80

  — mit Diskette: UCSD-Pascal-Programme für den Apple II Computer
  DM 72,—

Die Reihe wird durch weitere Bände fortgesetzt.

Preisänderungen vorbehalten

B. G. Teubner Stuttgart